Comunicaciones Industriales

Alexander Espinosa

Versión 4.1 – 2011

A mis hijos Camilo y Sofía

Indice

Figuras

v

Tablas

Prólogo

El estudiante de instrumentación industrial debe conseguir una comprensión de muchos aspectos de la ciencia y la técnica que se utilizan para la obtención de bienes de consumo a través de métodos industriales de proceso. En las industrias de proceso coexisten antiguas y nuevas tecnologías, por lo que el desafío es aún mayor para los jóvenes que intentan obtener el dominio necesario de la instrumentación industrial. En los últimos tiempos ha habido una transferencia de tecnología digital desde otras áreas como las de telecomunicaciones, procesamiento digital de señales y métodos de inteligencia artificial cada una de las cuales representan en sí mismo un desafío. Espero que la forma en que ha sido presentado ayude a motivar al estudiante y que la elección de los textos le sirva de guía en la ardua tarea del aprendizaje. Las versiones kindle están disponibles desde agosto de 2010 en la tienda Amazon. Se pueden adquirir los capítulos por separado o en tomos.

+Alexander Espinosa

Capítulo 1

Comunicaciones Industriales

La llegada de la electrónica digital ha sido acompañada por una corriente estable de progresos tecnológicos para la instrumentación industrial. La tecnología digital ha expandido las capacidades de compartir información que tenían los instrumentos de medición y de control, yendo desde las aplicaciones de computación digital a comienzos de los 60 hasta el primer sistema de control distribuido en los 70 y la revolución del transmisor inteligente en los 80. El propósito de este capítulo es ofrecer una perspectiva general de la tecnología digital en cuanto a su aplicación a la adquisición de datos (medir y grabar datos), destacando algunos de las normas más comunes que se usan en la industria.

La tecnología digital tiene la tremenda ventaja sobre la tecnología análoga de que puede transmitir inmensas cantidades de datos utilizando una cantidad limitada de canales de datos. En el mundo de señalización 4-20 mA (o de señalización de 3-15 PSI) cada par de cables puede transmitir solamente *una* variable. En el mundo de las redes digitales, cada par de cables puede transmitir una cantidad casi ilimitada de variables, el único límite es la velocidad de los datos.

El límite de una señal por canal en las señales análogas

de 4-20 mA representa un cuello de botella tecnológico que restringe la transferencia de datos entre los instrumentos y los sistemas de control. Mientras que es ciertamente posible dedicar un par de cables a cada una de las variables en un sistema de instrumentos, esto resultaría muy caro. En particular, resulta muy complicado el que algunos instrumentos como los caudalímetros de Coriolis que generan mediciones de varias variables en forma simultánea como el caudal másico, la densidad de fluido y la temperatura de fluido; o los posicionadores inteligentes que deben medir en forma continua la posición del vástago, la presión (o presiones) del actuador, la presión del aire de suministro y la temperatura de la válvula de control. Las capacidades ricas en datos de los instrumentos de campo demandan una forma de comunicación digital para superar el cuello de botella de las señales analógicas de 4-20mA.

La norma *HART* de *Rosemount* fue un intento valiente de proporcionar lo mejor de ambos mundos a la instrumentación industrial. Las señales digitales *HART* están superpuestas a las señales analógicas de 4-20 mA. Uno puede tener la simplicidad y seguridad de la señalización analógica y a la vez disponer de los beneficios de la comunicación multivariable que la comunicación digital puede ofrecer. Sin embargo, la comunicación *HART* es bastante lenta, lo que hace que solo pueda usarse para mantenimiento (cambio de campo *range*, extracción de datos de diagnóstico) y control de proceso solamente para procesos lentos.

Existen muchos estándares de comunicación digital diferentes (llamados generalmente **fieldbuses**) diseñados para comunicar instrumentos industriales. Se muestra una lista que puede no ser completa:

- HART

- Modbus

- FOUNDATION Fieldbus

- Profibus PA

- Profibus DP

- Profibus FMS

- AS-I

- CANbus

- ControlNET

- DeviceNet

- BACnet

La utilidad de un instrumento *fieldbus* se vuelve perceptible al conectar los instrumentos a estaciones *host* como los **DCS**. Los sistemas hosts que aceptan *fieldbus* ofrecen un menú fácil de navegar para que se pueda interactuar con la información de los instrumentos (normalmente de diagnóstico).

Por ejemplo, la siguiente foto muestra los dispositivos de instrumento de campo conectados a un DCS de pequeña escala en un laboratorio didáctico. Cada instrumento aparece como un icono, el cual puede ser explorado cuando se clique sobre este (Fig. 1.1).

Otra aplicación de la tecnología de comunicación digital a las mediciones industriales y al control es lo que se conoce como *SCADA* ("Supervisory Control And Data Acquisition"). Un sistema SCADA puede ser visto como un sistema de control distribuido sobre un área geográfica grande como una ciudad o un país. Las aplicaciones típicas de un SCADA pueden ser:

- Sistemas de generación y distribución (de líneas de fuerza y subestaciones)

- Sistemas de tratamiento y distribución de agua y de aguas servidas (línea de agua, estaciones de bombeo)

- Sistemas de explotación y distribución de Gas y de aceite (*pipeline*)

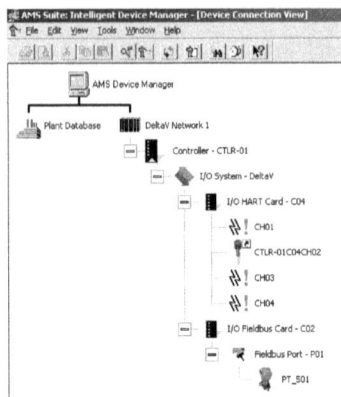

Figura 1.1: Instrumentos de campo conectados a un DCS de
pequeña escala en un laboratorio didáctico

- Sistemas de agricultura de gran escala (irrigación,
  cosecha)

- Sistemas de monitoramiento de tanques de
  almacenamiento

En un sistema SCADA los datos del proceso son
sensados por varios dispositivos de medición (transmisores),
se convierten a su forma digital por un dispositivo llamado
RUT: Remote Terminal Unit y se envían hacia uno o más
MTU: Master Terminal Units en una ubicación central en la
que un operador humano puede monitorear los datos y tomar
decisiones.

Si el flujo de información fuese en un solo sentido
(*simplex*) desde los dispositivos de medición hacia los
operadores humanos, el sistema se denominaría telemetría
en lugar de SCADA. SCADA implica comunicación en
dos sentidos (duplex), donde los humanos no solamente
monitorean los datos de proceso sino que envían órdenes
hacia las unidades de terminales remotos para que se realicen
cambios.

El dicho de que la necesidad es madre se cumple para el caso de los sistemas SCADA. La necesidad de monitoramiento remoto y de control de sistemas de distribución de energía eléctrica llevó al desarrollo de sistemas de telemetría analógicos basados en *power line carrier*. Este sistema fue introducido desde la década del 1940 y consiste en la superposición de señales portadoras de alta frecuencia (de 50kHz a 150kHz) junto con señales de baja frecuencia (50 Hz y 60Hz) que viajan por conductores eléctricos de potencia. Las señales de alta frecuencia transportan información básica como voz humana (como en una red telefónica, pero reducido a la clientela de los operadores del sistema energético), de monitoramiento de flujo de potencia (wattmetros, metros MVAR), y de control de relés protectores. Estos sistemas de telemetría fueron los primeros en tener tecnología digital en la década del 1960.

Los sistemas de potencia eléctrica a gran escala no pueden ser operados en forma segura y efectiva sin el monitoramiento y control remoto, esta necesidad operacional ha empujado el desarrollo tecnológico de los sistemas de telemetría y SCADA más allá del formato de pequeña escala (producción industrial).

La medición y transmisión digital son parte esencial de los sistemas de control y de medición modernos, no importa si se trata de un transmisor de temperatura inteligente, de un controlador de proceso montado en panel con capacidad de conexión *Ethernet*, de un controlador de motor de velocidad variable con señalización ModBus, de un sistema DCS de gran escala que controle una refinería de aceite o de un sistema SCADA que monitoree un sistema de distribución de energía que supere las fronteras de un país. Este capítulo se enfoca en algunos de los principios de la comunicación básica y de formateo de datos, haciendo referencias prácticas en la medida que sea posible.

1.1 Digitalización de magnitudes analógicas

Frecuentemente, las mediciones de proceso son analógicas: la temperatura de un horno, la velocidad del fluido a través de una tubería, la presión de un fluido, etc.. Todas estas son magnitudes analógicas: son infinitamente variables, no son discretas. Aunque algunas mediciones de procesos pueden ser discretas (Ej. contar la cantidad de unidades que pasan en un cinta transportadora), la mayoría de las mediciones en el mundo industrial son analógicas.

Una señal debe ser digitalizada para que pueda ser entendida por un dispositivo digital, para esto se utiliza un conversor analógico-digital o *ADC*. Esta sección no trata de explorar los detalles intrincados de la circuitería ADC, sino que discutir solamente el desempeño ADC en el contexto de las mediciones de proceso.

Muchos de los temas que se discuten en esta sección son relevantes para los circuitos que convierten valores digitales en señales analógicas. Estos conversores digitales-analógicos, *DAC* se usan generalmente para producir las señales analógicas que comandan a los elementos finales de control (Ej. la salida de un controlador digital PID es una señal analógica de 4-20mA que es entregada a un posicionador de válvula).

1.1.1 Resolución

En su forma más simple, un ADC es un circuito electrónico que recibe una señal analógica de voltaje como entrada y que genera una salida binaria multibit (digital). Quizás la forma más obvia de medir el desempeño de un ADC sea determinar cuántos bits de salida entrega (Fig. 1.2).

El ADC de la ilustración es una unidad de 12 bits. Esto significa que el campo digital de salida va desde 000000000000 a 111111111111 (000 hexadecimal a FFF hexadecimal, o de 0 decimal a 4095 decimal). Aunque el ADC

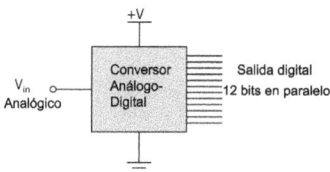

Figura 1.2: Conversor análogo digital

mostrado entrega sus salidas digitales en forma paralela (con líneas de salida separadas (pins) y únicas para cada uno de los 12 bits), cualquier chip ADC moderno está diseñado para entregar la salida en forma serial, en la que se usa solamente una salida para generar un serie de bits sincronizados por la acción de una señal de reloj.

Suponiendo que el ADC de 12 bits tuviese un campo de voltaje de entrada de 0 a 10 volts ¿Cómo se podría relacionar un valor de número digital a este valor de voltaje o viceversa? La clave es entender que la resolución de 12-bit de este ADC se debe interpretar como 2^{12}, o 4096 estados discretos de la salida. El campo de entrada de 10 volts DC se fracciona en $2^{12} - 1$, o 4095 intervalos discretos:

$$\text{Resolución analógica} = \frac{\text{Alcance } span \text{ analógico}}{2^n - 1}$$

Donde,

n = Cantidad de bits binarios de la palabra *word* de salida

En este conversor hipotético de 0-10 VDC y de 12 bits, la resolución analógica es de 2.442 milivolts. Así, una señal analógica que esté entre 0 mV y 2.442 mV generará una salida en el ADC de cero 000000000000, para cualquier señal analógica entre 2.442 mV y 4.884 mV la salida del ADC debería ser uno (000000000001 binario) y así sucesivamente.

El valor de salida digital de un ADC industrial se denomina conteo *count*. La palabra *count* se usa en ese

Tabla 1.1: Función de entrada-salida de un ADC de 12-bit

V_{in}	counts (decimal)	Counts (hex)
0 V	0	000
2.46 mV	1	001
3.85 V	1576	628
4.59 V	1879	757
6.11 V	2502	9C6
9.998 V	4094	FFE
10 V	4095	FFF

contexto como una unidad de medición. Por ejemplo, si colocásemos una señal de entrada de 10VDC, podríamos esperar a ver una salida digital de fondo de escala de (111111111111 binario) o 4095 counts Como la mayoría de los ADC son lineales, la relación matemática entre el voltaje de entrada y la salida digital counts es una proporcionalidad simple:

$$\frac{V_{in}}{V_{fondodeescala}} = \frac{Counts}{2^n - 1}$$

Se puede usar esta fórmula para generar una tabla parcial de los valores de entrada y salida para el ADC de 12-bit y para el campo de 0-10 VDC (Tab. 1.1).

Para encontrar el valor count que corresponda a un dado voltaje de entrada, se divide el valor de voltaje entre el valor de voltaje de fondo de escala, entonces se multiplica por el valor count de fondo de escala y se redondea por defecto al número entero más bajo. Para cada valor dado de voltaje de entrada en el ADC hay solamente una salida de tipo count. Lo opuesto no se cumple: para cualquier valor count hay un conjunto pequeño de posibles valores de voltajes de entrada (este conjunto de valores es la resolución analógica del ADC, en este caso 2.442 mV).

Para ilustrar, vea una entrada de la tabla: una entrada analógica de 6.11 volts conduce a una salida digital de 2502 *counts* en forma precisa. Sin embargo, una salida digital de 2502 *counts* podría representar cualquier voltaje de entrada analógico entre 6.10989 volts y 6.11233. Esta incertidumbre es inherente al proceso de digitalizar una señal analógica: usando una magnitud discreta para representar algo infinitamente variable algún detalle se perderá en el proceso. Esta incertidumbre se conoce con el nombre de error de cuantización: el error (potencial) que resulta del proceso de cuantizar una magnitud inherentemente analógica en una representación discreta.

El error de cuantización se puede reducir (pero no se puede eliminar totalmente) usando un ADC que tenga mayor resolución. Un ADC de 14 bits que opere en el mismo campo de entrada analógico de 0-10 VDC tendría cuatro veces menos incertidumbre que el de 12 bits (0.610 mV en lugar de 2.442 mV). Un ADC de 16 bits tendría aproximadamente dieciséis veces menos incertidumbre que la del ADC de 12 bits. La cantidad de bits que tenga el ADC es una función de la precisión de la digitalización.

Frecuentemente se pueden ver escalas de *count* asociadas a variables de proceso. Por ejemplo, el controlador de proceso 353 de *Siemens* representa los porcentajes de la variable de proceso, del setpoint y de la salida en una escala de -3.3% a 103.3% con la salida *count* de un ADC de 12-bits. En este caso, el valor digital de *count*=0 representa una señal analógica de -3.3%, y un valor digital *count*=FFF hexadecimal representa 103.3%. Se puede ver esta relación entre dos escalas en forma gráfica, como una escala evaluada (Fig. 1.3).

Figura 1.3: Escalas de conversión análogo digital

Para convertir el valor digital *count* a su equivalente analógico en porcentaje (o vice-versa) se sigue el mismo procedimiento usado para convertir entre dos escalas de representación donde una de las escalas tienen un cero vivo: tomar el valor dado y convertirlo en un porcentaje del alcance *span* (sustrayendo cualquier cero vivo antes de dividir por el alcance *span*), entonces se calcula el otro valor basándose en el porcentaje de alcance *span* (agregando el cero vivo después de multiplicar por el alcance *span*).

Por ejemplo, para calcular el valor *count* digital que represente una magnitud analógica de 26.7%, todo lo que se necesita es determinar cuánto del valor máximo de *count* representa este valor:

Figura 1.4: Conversión de *count* a digital

Aquí, el valor de la señal analógica de 26.7% está un 30% alejado del comienzo de la escala, que es de -3.3%. Al comparase con el alcance de la escala de 106.6%, esto es un valor de:

$$\frac{26.7 - (-3.3)}{106.6} = \frac{30}{106.6} = 0.2814$$

Puesto que sabemos que la variable *count* que corresponde a un dígito binario de 12-bits toma valores desde 0 a 4095, y que el valor de la señal analógica de 26.7% ocupa el 28.14% del valor de fondo de escala de 4095, el valor *count* para esta señal analógica debe ser 1152 o 480 hexadecimal (480h).

En forma parecida, si se sabe que el campo de este ADC de 12 bits está realmente en unidades de ingeniería, se podría traducir entre *counts* y valores de proceso usando el mismo método. Suponga que se esté usando el mismo controlador para mostrar la temperatura de un horno industrial, donde los valores de comienzo y fin de la escala sean 900°F y 1850°F, respectivamente. Se podría relacionar la variable *count* del ADC y la temperatura usando la misma escala evaluada del ejemplo anterior (Fig. 1.5).

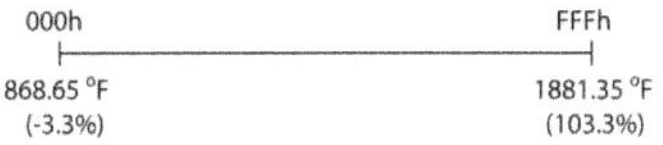

000h
FFFh
868.65 °F
(-3.3%)
1881.35 °F
(103.3%)

Figura 1.5: Interpretación de la escala de un conversor análogo digital

Suponga que el valor *count* del ADC de cierto horno industrial de temperatura sea A59 hexadecimal, igual a 2649 en decimal (Fig. 1.6).

A59h
000h
FFFh
868.65 °F
(-3.3%)
1881.35 °F
(103.3%)
2649 counts
4095 count de alcance

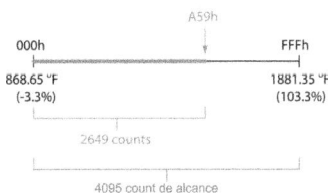

Figura 1.6: Ejemplo de conversión analógica-digital

Para convertir este valor *count* en temperatura primero debe determinarse el porcentaje del alcance:

$$\frac{2649}{4095} = 0.6469$$

Después se calcula a cuánta temperatura del alcance de temperatura corresponde esto:

$$(0.6469)(1850 - 900) = 614.5$$

Esta temperatura es 614.5°F más caliente que el fondo de la escala (a 900°F). Agregando un valor de cero vivo de 900°F se llega a la temperatura de 1514.5°F.

1.1.2 Tasa de muestreo

El siguiente asunto de importancia en la digitalización de señales analógicas es con la rapidez con que se realiza la conversión a la forma digital. Cada vez que el circuito ADC muestrea la señal analógica de entrada, el número digital resultante queda fijo hasta el próximo muestreo. Es equivalente a monitorear continuamente un proceso que evoluciona tomando fotos en movimiento. Cualquier cambio que sufra la señal analógica entre los instantes de muestreo no se representa en los datos digitales que salgan del convertidor.

Está claro que la rapidez de muestreo de cualquier ADC debe ser, al menos, tan rápida como los cambios en la señal analógica que se esté midiendo. De acuerdo al *Teorema de Nyquist* la tasa de muestreo mínima necesaria para capturar una onda analógica debe ser el doble de la frecuencia fundamental de la forma de onda. En la práctica se usan ADCs que muestrean la forma de onda 10 veces o más por ciclo.

En el caso de los multímetros digitales y de los osciloscopios digitales de almacenamiento, la tasa de muestreo debe ser más rápida. Los osciloscopios digitales modernos pueden tener tasas de muestreo de millones de millones de muestras por segundo.

Las mediciones de procesos industriales son mucho menos exigentes que las de los trabajos de electrónica. La temperatura de un horno industrial grande puede ser muestreada en forma adecuada a razón de una vez por minuto. Existen otros procesos más exigentes como el flujo de líquidos y el control de presión que pueden controlarse con una estabilidad razonable con sistemas digitales que tengan una tasa de muestreo de algunas veces por segundo.

Una tasa de muestreo muy baja puede afectar la instrumentación en varias formas. Primero, el tiempo entre muestras es tiempo muerto para el sistema: tiempo durante el cual el sistema digital está completamente ajeno a cambios en las mediciones de proceso. Un tiempo muerto muy grande en un sistema de alarma equivale a una demora innecesaria entre el evento de alarma y la señal de alarma. Un tiempo muerto excesivo en un lazo de control realimentado lleva a oscilación e inestabilidad. Otro efecto perjudicial de las tasas de muestreo baja es conocido como *aliasing*: una condición en la que el sistema digital piensa que la frecuencia de una señal analógica es menor que lo que realmente sea.

Un ejemplo de aliasing se muestra en la siguiente ilustración, donde una señal sinusoidal (en azul) se muestrea en intervalos ligeramente menores que una vez por ciclo (muestras marcadas por puntos rojos). El resultado (la curva roja con puntos) es una señal que tiene frecuencias mucho menores, y es la que ve el sistema digital, el que solamente ve los valores representados por los puntos rojos (Fig. 1.7).

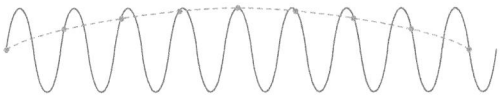

Figura 1.7: Efecto de *aliasing*

El *aliasing* hace que el ADC trabaje con una señal completamente incorrecta. Una forma simple de evitar el problema de *aliasing* en un circuito ADC es instalar un filtro paso-bajo analógico antes de la entrada del ADC evitando con esto que las frecuencias que estén más allá del límite de Nyquist pasen a través del ADC. Este tipo de circuito se denomina filtro anti-aliasing (Fig. 1.8).

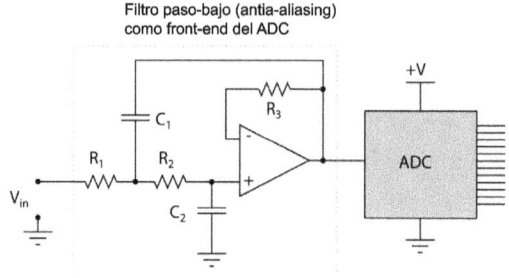

Figura 1.8: Circuito anti-*aliasing*

El efecto de *aliasing* puede ocurrir dentro de los sistemas digitales también, cuando una parte del sistema muestree la salida digital de la otra parte a una tasa muy baja. Un ejemplo de esto puede ser la tasa a la que un sistema de control digital (Ej. DCS) pide una variable de proceso que es recolectada por una red de sensores (como en una red de transmisores de proceso unidos por radio, o transmisores digitales *fieldbus*). Si la tasa de adquisición de datos del DCS es muy baja comparada con la tasa de los transmisores digitales, puede ocurrir *aliasing*. La mejor protección contra estos problemas potenciales es sincronizar las tasas de muestreo en todo el sistema.

1.2   Teoría de Comunicación Digital

Uno de los grandes beneficios de la tecnología digital es la habilidad para transmitir grandes cantidades de información a través de redes. El beneficio principal de la comunicación digital de datos en el control industrial es simple: Nunca más un par de cables dedicados para medir cada variable por separado como ocurre con la señalización analógica de (4-20 mA). Con la señalización digital un único par de cables o un

Tabla 1.2: Comparación entre la transmisión digital y la analógica

Análogo	Digital
Una señal por canal	Muchas señales por canal
Instantánea	Demorada

cable coaxial es capaz de transportar un número ilimitado de puntos de datos.

Este beneficio se obtiene pagando un precio: para que se puedan transmitir varias variables al mismo tiempo (puntos de datos) y por un canal único (un par de cables), se deben transmitir y recibir estas señales en forma serial. Esto significa que los sistemas de comunicaciones digitales necesariamente tienen un poco de demora entre los procesos de adquisición, transmisión, recepción e interpretación de una señal. Los sistemas analógicos, en contraste, son casi instantáneos.

Así, se ve un contraste entre comunicación digital y analógica en lo que respecta al uso de canal versus la velocidad (Tab. 1.2).

Con la tecnología electrónica moderna es posible construir sistemas de comunicación digital que sean lo suficientemente rápidos para que las demoras sean despreciables para la mayor parte de los procesos industriales, esto hace menos crítica la comparación instantáneo v.s. demorado. Si el tiempo no es un problema, entonces la comunicación digital es una buena elección. La transmisión de miles de puntos de datos de proceso usando un solo cable puede representar un ahorro muy grande en términos de cables, cajas de conexión y conductores eléctricos. Si embargo, esto también significa que se pueden perder miles de puntos de datos cuando se corte un solo cable.

Otra ventaja de la comunicación de datos digitales en los procesos industriales es la inmunidad frente al ruido. Los

Tabla 1.3: Digital v.s. Analógico

Analógico	Digital
Corruptible por cualquier valor de ruido	Inmune a ciertos valores limitados de ruido
Resolución infinita	Resolución Limitada

datos analógicos son continuos por naturaleza: una señal de 11.035 mA tiene un significado diferente de una señal de 11.036 mA porque cualquier incremento observable en la señal representa un incremento en la variable física que es representada por esta señal. Un valor de voltaje de 0.03 volt en un sistema de señalización digital 0-5 volt es exactamente la misma cosa que un voltaje de 0.04 volts si es que se interpretaran los unos como voltajes bajos en lugar de altos. Cualquier valor de voltaje de ruido en una línea puede distorsionar la señal en algún grado. Sin embargo, en el caso de las señales digitales se puede tolerar una cantidad substancial de ruido eléctrico sin que se observe corrupción de cualquier tipo.

La buena inmunidad frente al ruido se consigue a costas de un sacrificio de la resolución. Las señales analógicas son capaces de representar el cambio más pequeño porque pueden representar infinitos valores. Las señales digitales están limitadas en resolución por la cantidad de bits que tenga cada palabra. De esta manera, existe otro contraste entre la representación analógica y la representación digital (Tab. 1.3).

Con la tecnología digital moderna el problema de la resolución limitada es casi inexistente. Los chips de 16 bits ya son bastante populares en los módulos de entrada/salida (I/O) de los sistemas digitales, lo que proporciona una resolución de 2^{16} (65,536) *counts* o $\pm$ 0.00153%, que es lo suficientemente bueno para la vasta mayoría de las mediciones industriales y de las aplicaciones de control.

Esta sección trata de la transmisión serial de datos en oposición a la transmisión paralela. Para transmitir datos digitales en paralelo, la cantidad de cables aumenta directamente con la cantidad de bits que forma una palabra *word*. Por ejemplo, en el caso de que un chip ADC de 16 bits tuviese que transmitir datos hacia algún otro dispositivo digital usando una red paralela, se requeriría un cordón con 16 cables (y un cable de tierra) como mínimo. Este enfoque neutraliza la ventaja de la comunicación digital en la industria de proceso de que puede transmitir muchos puntos de datos de diferentes variables por un solo cable, por eso no se usa mucho. Solamente se puede ver cómo parte de la construcción interna de un dispositivo digital (Ej. Bus de datos paralelo al interior de un computador personal, o dentro de un Rack de PLC o DCS).

En los sistemas de comunicación serial los datos digitales se envían por un par de cables (o por un cable de fibra óptica o canal de radio) un bit a la vez. Entonces un palabra (word) de 16 bits (son dos bytes) requerirá una sucesión de 16 bits transmitidos uno detrás de otro ¿Cómo se representan estos bits en una señal eléctrica y cómo varios dispositivos comparten el acceso al canal de comunicaciones digitales es el próximo tema? Detalles de la comunicación de datos serial.

1.2.1 Principios de la comunicación serial

La tarea de codificar los datos de la vida real como una serie de señales eléctricas de apagado y encendido, y el envío de estas señales a través de grandes distancias por cables (o fibra óptica) requiere acuerdos mutuos normalizados para la codificación, la forma de empaquetamiento de los bits, la velocidad a la que los bits son enviados, los métodos para que varios dispositivos puedan usar un canal común y muchos otros detalles. Esta subsección bosquejará las áreas principales que tienen que ver con la normalización que deben observarse para que los dispositivos digitales se puedan comunicar entre sí. Se comenzará con una exploración breve de algunas de las primeras normas de los sistemas de telegrafía más antiguos.

El código Morse fue una forma temprana de comunicación digital que se usó para transmitir información numérica en la forma de una serie de puntos y rayas a través de un sistema de telegrafía. Cada letra del alfabeto y cada dígito numérico (0–9) fue representado en el código Morse por una serie específica de símbolos punto y raya. Un punto es un pulso corto y una raya un pulso largo. Un sistema de códigos similar fue llamado *Continental Code* y usado en las comunicaciones radiales de radiotelegrafía.

Por muy primitivos que parezcan esos códigos encapsulan algunos de los principios básicos que se usan actualmente en los sistemas de comunicaciones digitales seriales. Primeramente, tiene que haber un sistema de códigos que represente las letras y números para expresar el lenguaje humano coloquial. Segundo, tiene que haber una forma de representar individualmente estos caracteres de tal forma que se pueda distinguir el fin de uno y el comienzo del siguiente.

Por ejemplo, considere la codificación *Continental Code* para la palabra NOWHERE. Si se insertara una pausa entre cada caracter, sería más fácil representar los caracteres del mensaje (Fig. 1.9).

Figura 1.9: Ejemplo del Código Continental

Si el espacio entre caracteres no estuviese presente sería imposible determinar el mensaje sin que haya lugar a dudas. Al eliminar los espacios puede haber malas interpretaciones sin sentido para la misma secuencia de puntos y rayas (Fig. 1.10).

En este sentido, sería posible confundir el significado de la cadena de texto NOWHERE aún cuando los caracteres

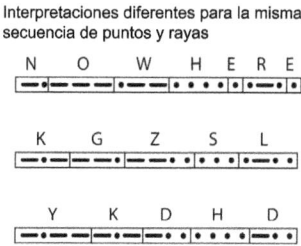

Figura 1.10: La misma secuencia de rayas y puntos con interpretación distinta

individuales sean correctamente reconocidos ¿La cadena significa nowhere o now here?

Este ejemplo simple, ilustra la necesidad de tener delimitadores en las comunicaciones de datos seriales. Algo tendrá que usarse para distinguir grupos de bits (que se llaman *frames* o tramas o paquetes) entre ellos, para evitar que se pierda el significado. En la época en que la tarea de codificación y decodificación de los códigos *Morse* y *Continental* era encargada a operadores humanos, el delimitador escogido era un tiempo de demora extra (una pausa) entre caracteres y entre palabras. Esto no es muy diferente de un espacio en blanco para separar palabras, oraciones y párrafos escritos en una página.

Lasoracionesseríandifícilesdeleersinofueseporlosespacios.

Más tarde, cuando se crearon máquinas llamadas teletipos para reemplazar los operadores Morse, se tuvo que entender de otra forma el concepto de delimitador. Estas máquinas consistían en un teclado de mecanógrafo que marcaba cintas o páginas con puntos que correspondían a un código de 5 bits llamado código de *Baudot*. La cinta de papel o la hoja eran leídas entonces eléctricamente y convertidas en un flujo serie de pulsos de encendido y apagado, los que eran transmitidos a lo largo de líneas de un circuito de telegrafía estándar. Una máquina de teletipo ubicada en el extremo lejano del circuito convertía el flujo de señales en caracteres impresos (un telegrama). De esta forma se emplearon operadores que no eran especialistas en código y fue posible hacer que los datos fuesen generados mucho más rápido que lo que podría generar el operador más avezado.

Sin embargo, estas máquinas requerían señales de *start* y *stop* especiales para poder sincronizar la comunicación con cada caracter por lo que no eran capaces de interpretar con seguridad las pausas como podían hacerlo los operadores humanos.

La comunicación asíncrona moderna serial descansa en el mismo concepto de uso de bits de *start* y *stop* para sincronizar la transmisión de los paquetes de datos. Cada paquete de datos nuevo se hace preceder por algún tipo de señal de *start*, después de lo cual se envía el paquete y por último se añade una señal de *stop*. El dispositivo receptor sincroniza el transmisor cuando la señal *start* sea recibida, mientras que relojes de baja precisión mantienen sincronizados el transmisor y el receptor durante la corta duración de un paquete. Si se garantiza que los relojes de transmisión y de recepción usen la misma frecuencia y que los paquetes de datos sean lo suficientemente cortos en término de sus cantidad de bits, la sincronización será lo suficientemente buena para que cada bit de mensaje sea correctamente interpretado en el extremo receptor.

1.2.2   Codificación física de bits

Los sistemas de telegrafía eran *booleanos* por naturaleza: representaban los puntos y las rayas por un estado eléctrico de la línea de telegrafía y las pausas con otro estado. Durante la transición desde los teclados manuales hacia las máquinas de teletipo, el código Morse fue abandonado y reemplazado por el código de *Baudot* para representar caracteres alfanuméricos, pero la naturaleza eléctrica del telégrafo se mantuvo. Los puntos y rayas en un papel pasaron a ser línea con energía y línea sin energía.

Muchos sistemas digitales modernos representan valores binarios de 1 y 0 exactamente de la misma forma: un 1 representa un estado de marca y un cero representa un estado de espacio. Las marcas y los espacios corresponden a niveles de voltajes diferentes entre los conductores de un circuito de redes. Por ejemplo, el estándar común de comunicaciones seriales EIA/TIA-232 (que una vez fue la forma más popular de conectar dispositivos periféricos a los computadores personales, inicialmente nombrado como RS-232) define un estado de marca (1) como un voltaje de -3 volts entre el cable de datos y la tierra, y un estado de espacio (0) como +3 volts entre el cable de datos y la tierra. Esto se denomina como codificación *Non-Return-to-Zero* o NRZ (Fig. 1.11).

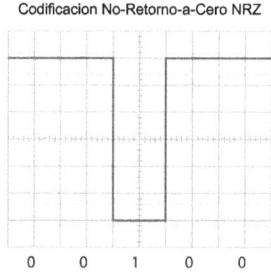

Figura 1.11: Codificación NRZ

Esta no es la única forma que existe para representar bits binarios. Un método alternativo es usar una señal de onda cuadrada, en la que se usan las transiciones hacia arriba o hacia abajo para representar los estados de 1 y 0. Es llamado *Codificación Manchester* (Fig. 1.12) y es usado en la versión de 10 Mpbs de *Ethernet* y en los estándares de instrumentación *Foundation FieldBus (H1)* y *Profibus PA*.

Otro método para codificar estados binarios 1 y 0 es usar ondas sinusoidales de diferentes frecuencias (o ráfagas de tonos). Esto se denomina *Frequency Shift Keying*, o *FSK*

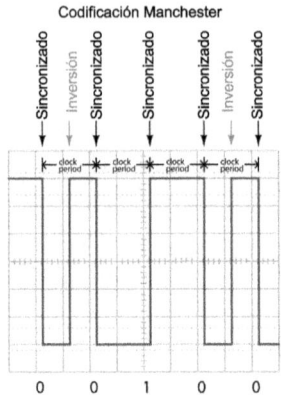

Figura 1.12: Codificación Manchester

y es el método de codificación que se emplea en la norma de comunicación inteligente *HART* (Fig. 1.13).

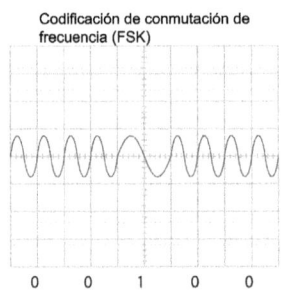

Figura 1.13: Codificación FSK

Existen otros métodos para las comunicaciones de datos digitales a través de cables de redes, pero estos tres son los más populares en los estándares de redes industriales.

1.2.3 Velocidad de comunicación

Para lograr la transmisión exitosa de datos digitales a lo largo de una red, no solo debe haber un estándar acordado entre los dispositivos de transmisión y recepción para la codificación de bits (NRZ, Manchester, FSK, etc.), sino que también un estándar para la velocidad a la que los bits serán enviados. Esto es muy importante en los casos de codificación NRZ y FSK, en los que la velocidad de reloj no está explícitamente representada en la señal.

Por ejemplo, considere la confusión que podría haber al interpretar una señal NRZ si la velocidad de transmisión se asumiese como el doble de la que exista realmente (Fig. 1.14).

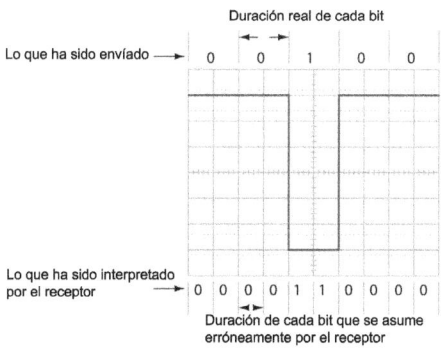

Figura 1.14: Incidencia de los errores de sincronización de velocidad en la recepción de códigos NRZ

Por eso, uno de los parámetros esenciales en un sistema de comunicación de datos seriales es la medición de *bit rate*, expresada en bits por segundo (bps). Algunos estándares de comunicación tienen *bit rates* fijos como *FOUNDATION Fieldbus H1* y *Profibus PA*, ambos están estandarizados a exactamente 31.25 kbps. Algunos, como *Ethernet*, tienen algunas velocidades preestablecidas (10 Mbps, 100 Mbps, 1 Gbps) definidas por el hardware en específico que se use. Otros, como EIA/TIA-232 pueden tener velocidades arbitrarias que van desde 300 bps hasta más de 115 kbps.

Un término antiguo que se usa algunas veces como sinónimo de *bit rate* es el *baud rate*, sin embargo bits por segundo y baudios son cosas realmente distintas. Baudios se refiere a la cantidad de cambios por segundo de voltajes o corrientes, mientras que bits por segundo se refiere al número real de datos binarios transmitidos por segundo. El baudio es importante cuando se quiere saber si el ancho de banda (la máxima capacidad de frecuencia) de un canal de comunicaciones es suficiente para un dado objetivo de comunicación. En los sistemas que usan codificación NRZ, el *baud rate* es equivalente al *bit rate*: para una cadena de bits alternados, habrá exactamente una transición de voltaje para cada bit. En los sistemas que usan codificación Manchester, el *bit rate* que corresponde al peor caso será el doble que el *bit rate*, con dos transiciones (una arriba, una abajo) por bit. En algunos esquemas de codificación más inteligentes, es posible codificar varios bits en cada transición de la señal, lo que resulta en un *bit rate* mayor que el *baud rate*.

1.2.4   Tramas de datos *Data frames*

Como se ha mencionado anteriormente, los datos seriales se transmiten en forma asíncrona en las redes industriales. Esto significa que el *hardware* de transmisión y de recepción no tiene que estar en sincronización perfecta para que se pueda transmitir y recibir datos en forma confiable. Para que esto resulte los datos deben ser enviados en la forma de tramas *frames* y paquetes de un tamaño fijo (máximo largo), donde cada trama *frame* esté precedida por una señal especial *start* y terminada con una señal especial *stop*. Tan pronto como el dispositivo transmisor genere la señal *start* el dispositivo receptor se sincroniza con el tiempo de comienzo de la trama y se guía por la velocidad de reloj predeterminada para adquirir los bits sucesivos de un mensaje hasta que se reciba la señal de *stop*. Mientras los circuitos del reloj interno de los dispositivos transmisores y receptores estén corriendo aproximadamente a la misma velocidad, los dispositivos estarán lo suficientemente sincronizados para poder intercambiar un mensaje corto sin que se pierdan o corrompan bits. También existen redes digitales síncronas, donde todos los dispositivos transmisores y receptores se guían por una señal de reloj común, de tal forma que ninguno queda fuera de paso con respecto a otro. La ventaja obvia de un sistema síncrono es que no hay tiempo gastado en bits de *start* y de *stop*, puesto que la transferencia de datos se puede procesar en forma continua en vez de por paquetes. Sin embargo, los sistemas de comunicación síncrona tienden a ser más complejos debido a la necesidad de tener que mantener a todos los dispositivos en sincronización perfecta, por eso se puede tener sistemas síncronos usados para redes digitales de alto tráfico y grandes distancias como las que se usan para los backbones de Internet y no para las redes de corta distancia de las redes industriales.

Al igual que el *bit rate*, el esquema particular de bits de *start* y de *stop* debe ser producto de un acuerdo para que dos dispositivos seriales se comuniquen entre sí. En algunas redes, este esquema es fijo y no puede ser alterado por el usuario. *Ethernet* es un ejemplo de esto, donde una secuencia de 64 bits es el preámbulo *preamble* y el delimitador de comienzo de trama (*start frame delimiter* bits SFD) se usa para marcar el comienzo de una trama *frame* y otro grupo de bits específica el largo de la trama *frame* (dejando que el receptor sepa con anticipación donde terminará la trama *frame*. Se muestra una descripción gráfica del estándar IEEE 802.3 para las tramas *frames* de datos ilustrando los largos y las funciones de los bits que están en una trama *Ethernet* (Fig. 1.15).

Otras redes seriales dejan a elección del usuario los parámetros de comunicación. Por ejemplo la EIA/TIA-232, donde el usuario puede especificar, no solamente el *bit rate*, sino cuántos bits se usarán para marcar el comienzo y final de la trama *frame* de datos. Es importante en estos sistemas que todos los dispositivos transmisores y receptores en una

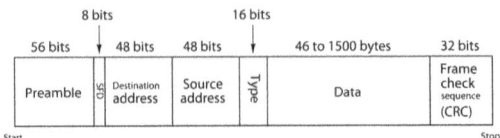

Figura 1.15: Estándar IEEE 802.3

red dada estén configurados exactamente de la misma forma para que puedan estar todos de acuerdo en la forma de enviar y recibir datos. Se muestra una foto de un programa terminal de comunicación serial de un sistema basado en *UNIX*, (llamado *Minicom*) donde se ofrecen las distintas opciones de configuración (Fig. 1.16).

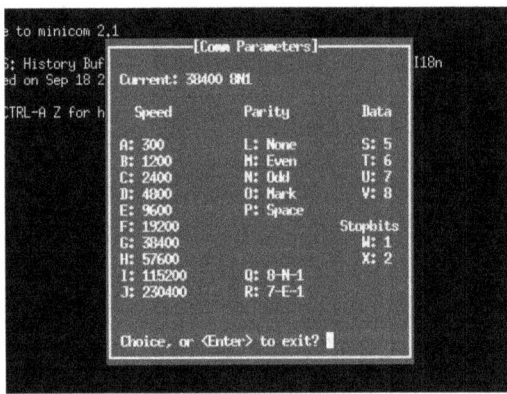

Figura 1.16: Minicom

En esta foto en particular, se puede ver la opción de *data rate* (desde 300 bps hasta 230,400 bps), la cantidad de bits de datos (desde 5 hasta 8) y la cantidad de bits de *stop* (1 o 2), todo configurable por el usuario. Claramente, si este programa fuese usado para la comunicación de datos entre dos computadores personales, ambos computadores deben tener estos parámetros configurados idénticamente para que la comunicación se pueda realizar. De otra forma, los dos computadores no podrían estar de acuerdo en la velocidad, la cantidad de bits de datos y de bits de *stop*, las tramas *frames* respectivas simplemente no coincidirán.

Para ver una trama *frame* de datos EIA/TIA-232 desde el punta de vista de los voltajes, considere que la forma de onda que se está transmitiendo es un cadena de 8 bits (01011001) usando codificación NRZ. Aquí, un solo *start* marca el comienzo de una trama *frame* de datos, mientras que dos bits sucesivos de *stop* la finalizan. También note como la secuencia de bits se transmite invertido con el bit menos significativo (LSB) enviado primero y el bit más significativo enviado en último lugar (MSB) (Fig. 1.17).

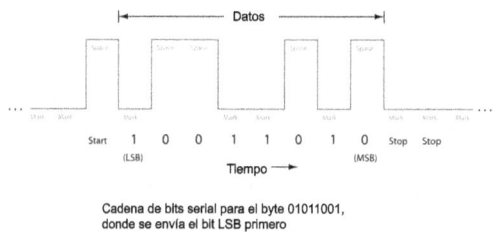

Cadena de bits serial para el byte 01011001, donde se envía el bit LSB primero

Figura 1.17: Trama de datos EIA/TIA-232

Curiosamente, el estado marca *mark* (que corresponde a un bit de valor 1) es el estado por defecto de un canal de comunicación cuando no haya datos que enviar. El bit de *start* es un espacio (0). Este es el esquema de codificación estándar para EIA/TIA-232, EIA/TIA-485 y de algunos otros sistemas de comunicación serial que usan NRZ.

Una de las opciones del *Minicom* que no se ha mencionado es algo llamado paridad *parity*. Es un tipo simple de chequeo de errores que se usa en muchos estándares de comunicación serial. El principio de funcionamiento es muy simple: un bit extra se añade al final de cada trama *frame* de datos (justamente antes de los bits de *stop*) para forzar a que el número total de estados 1 sea par o sea impar. Por ejemplo,

en la cadena de datos 10011010, hay un número par *even* de
bits que valen 1. Si el computador que envía estos grupos de
datos de 8 bits estuviese configurado para paridad impar *odd*,
agregaría un 1 adicional al final de la trama *frame* para hacer
que el número de bits en 1 de esta trama *frame* sea impar *odd*.
Si el próximo grupo de bits de datos fuese 11001110 (observe
que tiene un número impar de bits en 1), el computador
transmisor tendría que agregar un bit de paridad valiendo
0 en la trama *frame* de datos para mantener un conteo impar
de bits en 1.

La forma en que esto trabaja reside en hacer que el
receptor cuente los bits que valen 1 en cada trama *frame*
de datos (incluyendo el bit de paridad) y verificar que la
cantidad total sea impar (si el computador receptor estuviese
configurado para paridad impar al igual que el computador
transmisor, como debiese ser). Si uno de los bits fuese
corrompido durante la transmisión la trama *frame* recibida no
tendría la paridad correcta, por lo que el computador receptor
sabría que algo salió mal. La paridad no permite descubrir el
bit corrupto, pero sí puede indicar que hay un bit corrupto,
lo que es mejor que no tener ningún sistema para verificar
errores.

El siguiente esquema permite ver cómo el chequeo de
paridad podría trabajar para detectar un error de transmisión
en una palabra de datos de 7 bits. Suponga un dispositivo
digital que transmita asíncronamente el caracter T usando
una codificación ASCII ("T" = 1010100), con un bit de
start, un bit de *stop* y paridad impar. Puesto que el bit
de *start* es normalmente un estado de 0 (espacio), los datos
son transmitidos en orden reverso (primero LSB, después
MSB), el bit de paridad se transmite después de los datos
MSB y el bit de *stop* se representa por un estado 1 (marca),
la trama *frame* entera será la siguiente secuencia de bits:
0001010101. Visto en el display de un osciloscopio donde los
voltajes negativos representan marcas y los voltajes positivos
representan espacio, la trama *frame* de datos transmitidos se
vería así (Fig. 1.18).

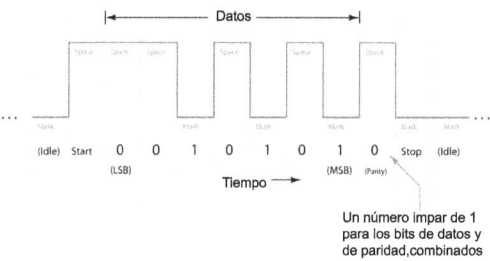

Figura 1.18: Chequeo de paridad

Note como el bit de paridad de esta trama *frame* en particular es 0, porque el tipo de paridad está fijado en impar y la palabra de 7 bit de datos ya tiene un número impar de 1 bit.

Ahora, suponga que la trama *frame* transmitida encuentre una cantidad significativa de ruido eléctrico mientras viaja hacia el dispositivo receptor. Si la trama *frame* alcanza el receptor como se muestra en la siguiente ilustración, el receptor interpretaría incorrectamente el mensaje (Fig. 1.19).

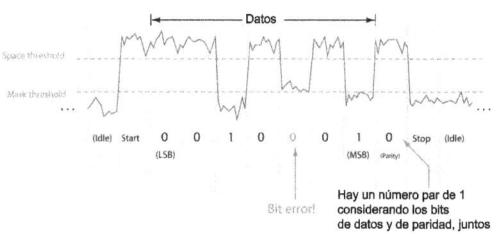

Figura 1.19: Ocurrencia de un error de bits en un sistema codificado

Uno de los bits ha sido corrompido por ruido, de tal forma que la trama *frame* será recibida como 0001000101 en lugar de 0001010101 como fue originalmente transmitido. Cuando el receptor cuente la cantidad de bits en 1 en el mensaje (bits de datos y bit de paridad, sin considerar los bits de *start* y de *stop*), tendrá un número par *even* de 1's en lugar de un número impar *odd*. Debido a que el receptor fue configurado igual que el transmisor, para paridad impar *odd*, este espera que haya una cantidad impar de 1's en el mensaje recibido. Así sabrá que ocurrió un mensaje en cualquier punto de la transmisión porque la paridad recibida no es impar como debiese ser.

La verificación de paridad no dice cuál es el bit que está corrupto pero indica que algo ha salido mal en la transmisión. Si el dispositivo receptor está programado para ejercer una acción cuando reciba una paridad incorrecta, podría solicitarle al dispositivo transmisor que re-envíe los datos las veces que sea necesario hasta que la paridad sea la correcta (Fig. 1.20).

En la foto del *Minicom*, haya varias opciones de configuración de la paridad.

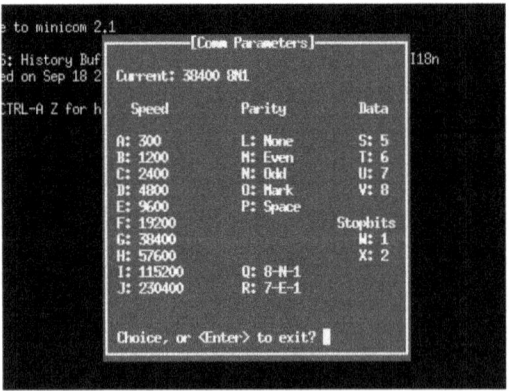

Figura 1.20: Verificación de paridad

Las cinco opciones para la paridad en este programa incluyen *None*, *Even*, *Odd*, *Mark*, y *Space*. No paridad es autoexplicativo: el computador transmisor no agrega un bit extra de paridad y el computador receptor no se preocupa de chequearlo. Puesto que la inclusión del bit de paridad no contribuye a enviar más datos, tiene el efecto no deseado de ralentizar la comunicación (más bits de tráfico ocupando el canal que lo que se podría esperar), así esta opción sacrifica el bit de paridad en aras de datos más compactos (más rápidos). Las opciones de paridad par *even* e impar *odd* funcionan como se describió anteriormente, con el computador transmisor agregando un bit de paridad a cada trama *frame* para que el total de bits en 1 sea par o impar (dependiendo de la configuración elegida), y el computador receptor verifica lo mismo. 'Mark" y "Space" son de muy poca utilidad. En ambos casos se agrega un bit de paridad, pero el computador transmisor no se preocupa en calcular la paridad de los bits de datos, sino que simplemente hace que el bit de paridad siempre sea igual a 1 (marca) o a 0 (espacio) como se haya elegido por el usuario. El computador receptor verificará si el bit de paridad tiene siempre ese valor. Estas dos opciones son de uso limitado porque la falla del bit de paridad no se usa para verificar el estado de los datos transmitidos. La única corrupción que se detectaría en el computador receptor es la del bit de paridad.

Es frecuente que los parámetros de comunicación serial se expresen en una forma compacta como la que muestra la pantalla del *Minicom*: 38400 8N1. En este caso, el programa terminal está configurado para un *bit rate* de 38400 bps, con un campo de datos de 8 bits, sin bit de paridad y 1 bit de *stop*. Un computador configurado para un *bit rate* de 9600 bps con un campo de datos de 7 bits, paridad impar y 2 bits de *stop* se representaría como 9600 7O2.

Los bits de paridad no son la única forma para detectar errores. Algunos estándares de comunicación emplean medios más sofisticados. En el estándar IEEE 802.3, por ejemplo, cada trama de datos se termina con un *frame check sequence* que es un conjunto de bits matemáticamente calculados por el dispositivo transmisor basado en el contenido de los datos. El algoritmo se denomina *cyclic redundancy check*, o *CRC*, y es similar al concepto de checksum que

usan algunos computadores para verificar la integridad de
los datos almacenados en discos duros y en otros medios
permanentes. Al igual que el algoritmo de paridad, el
algoritmo de CRC corre un proceso matemático que cuenta
los bits en el campo de datos y que genera un número para
reflejar el estado de esos bits. El computador receptor toma el
campo con los datos recibidos y realiza exactamente el mismo
algoritmo matemático para tener su propio valor de CRC. Si
cualquiera de los bits de datos estuviese corrupto durante la
transmisión, los dos valores de CRC no coincidirían, por lo
que el computador receptor sabría que algo no funcionó bien
durante la transmisión.

Al igual que la paridad, el algoritmo de CRC no
es perfecto. Existe una probabilidad de que haya una
combinación de errores durante la transmisión que origine
el mismo valor de CRC en ambos extremos, aunque los
datos no sean idénticos, pero esto es muy poco probable
que algo así ocurra (la probabilidad es de 1 en 10^{14}). Esto
es ciertamente mejor que no tener ninguna capacidad de
detección de errores.

Si el software de comunicación en el computador
receptor estuviese configurado para ejercer una acción ante
la detección de un error, podría enviar *Request for re-
transmission* al transmisor, de tal forma que el mensaje
fallado pueda ser retransmitido. Esto es equivalente a una
persona que escucha una transmisión telefónica confusa y que
después le pide a la otra persona que repita lo que habría
dicho.

Otra opción que se tienen frecuentemente en las
configuraciones de comunicaciones seriales de datos es algo
llamado control de flujo, no confundir con el control de flujo
a través de una tubería. En el contexto de la comunicación
digital el control de flujo se refiere a la capacidad que
tiene el dispositivo receptor para solicitar una reducción
de velocidad e incluso una detención de la transmisión de
datos en caso de congestión. Un ejemplo común de los
primeros computadores personales era cuando una impresora

mecánica recibía datos desde el computador. Mientras que el computador podía transmitir datos a una gran velocidad para que fuesen impresos rápidamente, la impresora estaba limitada por la velocidad de su mecanismo. Para hacer que el proceso de impresión fuese más eficiente las impresoras tenían (y tienen) una memoria de *buffer*, para almacenar parte del trabajo de impresión recibido desde el computador transmisor que aún no haya tenido tiempo de imprimir. Sin embargo, estos *buffers* tienen un tamaño finito y pueden ser superados por trabajos de impresión grandes. Por lo que, si una impresora detecta que su *buffer* está por llenarse, puede generar una orden hacia el computador para que congele la transmisión de datos hasta que el *buffer* de la impresora tenga algún tiempo para que se vacíe.

El control de flujo en las redes seriales puede ocurrir en modo *hardware* o *software*. El modo *hardware* hace referencia a la existencia de pines de conectores adicionales y cables especialmente diseñados para estas señales de PARE. El modo de software se refiere a códigos de datos que se transmiten a través de canales de redes regulares para decirle al transmisor que PARE *halt* o que vuelva a transmitir *resume*. El control de flujo por software se denomina, a veces, XON/XOFF para hacer referencia a estos códigos.

La siguiente foto muestra las opciones de control de flujo del programa *Minicom* (Fig. 1.21).

Se puede ver que el control de flujo *hardware* está activado y que el control de flujo por *software* está desactivado.

1.2.5 Arbitraje de canales

Cuando dos o más dispositivos de comunicación intercambian datos, los sentidos de comunicación pueden pertenecer a una de dos categorías: *simplex* o *duplex*. Una red *simplex* solo tiene una vía de comunicación. Un ejemplo de comunicación *simplex* es un sensor entregando datos a un indicador ubicado remotamente, a través de una red digital. En este caso, el flujo de información va desde el sensor hacia el indicador,

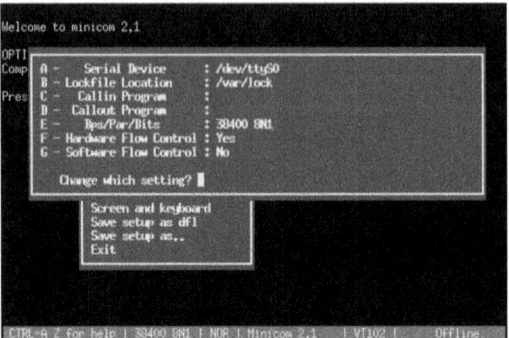

Figura 1.21: Opciones de *Minicom*

nunca en el otro sentido.

La comunicación *duplex* se refiere al intercambio de datos en dos sentidos. El sistema de telefonía es un ejemplo analógico, en el que las dos personas que participan pueden hablar y escucharse mutuamente. La comunicación *duplex* puede ser subdividida en *half-duplex* y *full-duplex*, lo que se refiere a si la comunicación en dos sentidos sea simultánea o no. En un sistema *full-duplex*, ambos dispositivos pueden transmitir datos al otro en forma simultánea porque existen canales separados (por cables o fibras ópticas separadas o frecuencias de radio) que se usan para cada sentido de transmisión. En un sistema *half-duplex*, solamente un dispositivo maestro puede transmitir a la vez porque todos los dispositivos deben compartir un **solo** canal. Un sistema de telefonía es un ejemplo de sistema *full-duplex*, aunque pueda ser difícil que dos personas se entiendan cuando hablan a la misma vez. Un sistema de *walkie-talkie* en el que hay que presionar un botón para transmitir es un ejemplo de un sistema *half-duplex*, donde cada persona debe esperar su turno para hablar.

La mayor parte de los sistemas industriales son *half-duplex* debido a que la mayor parte de las redes tienen más de dos dispositivos en un segmento de red y a que no hay suficientes canales para permitir que todos los dispositivos puedan transmitir y recibir simultáneamente. Así, cualquier red que tengan más de dos dispositivos debe ser *half-duplex* como máximo en incluso pueden estar limitadas a operación *simplex* en algunos casos.

En los sistemas *half-duplex*, debe existir alguna forma de que los dispositivos sepan cuando se les permite transmitir. Si muchos dispositivos que comparten una canal de comunicación intentasen transmitir simultáneamente, sus mensajes colisionarían de tal forma que ningún dispositivo en la red sería capaz de interpretar ningún mensaje. El problema es equivalente al caso en que dos personas presionen simultáneamente el botón *talk* en sus unidades de radio de dos vías: ninguna de las dos personas que estén hablando podrán escucharse, y cualesquiera otra persona que esté escuchando en el mismo canal escuchará una mezcla de dos transmisiones superpuestas. Para evitar este escenario en una red *half-duplex* debe haber alguna estrategia para coordinar las transmisiones de tal forma que solamente un dispositivo pueda hablar en un tiempo determinado. El problema de decidir quién toma el botón *talk* en un momento dado, se conoce como arbitraje de anales *channel arbitration*. Existen varias estrategias que se enfocan a resolver este problema en el campo de la comunicación digital algunas de las cuales serán descritas en esta subsección.

Maestro-Esclavo *Master-Slave*

El primer método trabaja bajo el principio de tener solamente un dispositivo en la red (el maestro *master*) con permiso para transmitir arbitrariamente mensajes. Todos los otros dispositivos son esclavos *slaves*, los que solamente pueden responder como respuesta directa a consultas del maestro. Si la red fuese *simplex* los dispositivos esclavos nunca tendrán oportunidad de transmitir datos – todo lo que pueden hacer es escuchar y recibir datos desde el único dispositivo maestro.

Por ejemplo, en una red *master-slave half-duplex*, si un

dispositivo esclavo tuviese datos que necesite transmitir a otro dispositivo esclavo, el primer dispositivo esclavo debe aguardar hasta que sea requerido *polled* por el dispositivo maestro, antes de que se le permita transmitir los datos a la red. Una vez que los datos sean transmitidos cualquier otro dispositivo esclavo podría recibir esta transmisión puesto que todos ellos escuchan en el mismo canal de comunicación.

Un ejemplo de una red industrial de arbitración de canal *master-slave* es el *HART multidrop*, donde varios instrumentos de campo *HART* están conectados en paralelo en el mismo par de cables y un dispositivo (normalmente un computador dedicado) es el nodo maestro, el cual pide datos *polling* a los instrumentos de campo, uno a uno.

Otro ejemplo de una red industrial *master-slave* es la red *Modbus* que conecta un controlador lógico programable (PLC) a varios *drives* de motor de frecuencia variable (VFDS). El dispositivo *master* inicia todas las comunicaciones con los dispositivos esclavos (los *drivers* de motor) y estos actúan respondiendo al PLC *master* (y en muchos casos ni siquiera respondiendo, sino que simplemente recibiendo datos desde el PLC en modo *simplex*).

El arbitraje tipo *master-slave* es simple y eficiente pero tiene un defecto grave: si el dispositivo *master* fallara, todas las comunicaciones en la red se detendrían. Esto significa que la habilidad de cualquier dispositivo para transmitir información depende del funcionamiento saludable de un solo dispositivo o sea, que hay un alto nivel de dependencia en la función de un solo dispositivo.

Algunas redes *master-slave* resuelven este problema asignando previamente un *status* especial de *backup* a uno o más dispositivos esclavos. Ante el evento de la falla del dispositivo *master* y la interrupción subsecuente de la transmisión durante un tiempo posterior, el dispositivo de *backup* actúa como el *master* nuevo tomando el rol del *master* anterior y asegurando que todos los dispositivos esclavos sean interrogados de acuerdo al cronograma o escaneo preestablecido.

Token-Passing

Otro método de arbitraje en el que un dispositivo toma el control de una red *half-duplex* es el método de *token-passing*. En este, un mensaje especial llamado *token* sirve como una autorización temporal para que cada dispositivo transmita. Cualquier dispositivo que esté en posesión del *token* puede actuar como dispositivo *master* transmitiendo a voluntad. Después de cierta cantidad de tiempo, el dispositivo debe entregar el *token* por medio de la transmisión de un mensaje de *token* en la red, que tenga la dirección del próximo dispositivo. Cuando el otro dispositivo reciba el mensaje de *token*, cambia al modo *master* y transmite a voluntad. La estrategia no es diferente que la pueda tener un grupo de personas en torno a una mesa, donde solo uno de ellos sostenga un objeto que por acuerdo universal le conceda la palabra al que la requiera.

El *token-passing* le asegura a un solo dispositivo la posibilidad de que pueda transmitir en cualquier momento y también resuelve el problema inherente de las redes *master-slave* acerca de lo que podría pasar en caso de que el dispositivo maestro fallase. Si uno de los dispositivos en una red *token-passing* fallara, su silencio sería detectado después de que el último dispositivo que mantenga el *token* transmita el mensaje de *token* hacia el dispositivo que ha fallado. Después de cierto período de tiempo, el último dispositivo en mantener el *token* podrá retransmitir el mensaje de *token* hacia el próximo dispositivo que sigue al que haya fallado, restableciendo el patrón de uso compartido del *token* y asegurando que todos los dispositivos puedan hablar cuando les toque su turno.

Ejemplos de las redes *token-passing* incluyen el estándar de propósito general Token Ring (IEEE 802.5) y el difunto Token Bus (IEEE 802.4). Algunas redes propietarias como las Honeywell's TDC 3000 llamada *Local Control Network* o *LCN* utilizan token-passing para arbitrar el acceso a la red.

Las

redes *Token-Passing* requieren una cantidad sustancialmente mayor de inteligencia interconstruida en cada dispositivo de red que lo que requieren los *master-slaves*. Los beneficios son mayor disponibilidad y mejor aprovechamiento de ancho de banda. Dicho sea de paso, las redes *Token-Passing* pueden tener desventajas que son exclusivas de estas. Por ejemplo, está la cuestión de qué hacer cuando la red se divida en dos partes. En el momento de la ruptura solamente un dispositivo tendría el *token*, lo que significa que solamente una segmento de los dos tendría el *token*. Si este problema se mantuviese por un tiempo, uno de los segmentos, el que tenga el *token* continuaría funcionando normalmente, en cambio el otro quedaría totalmente en silencio aunque los cables y lo dispositivos estén en condiciones normales de funcionamiento. En un caso como este, el concepto de *Token-Passing* no se comportaría mejor que una red *master-slave*. Sin embargo ¿qué tal si los diseñadores hayan previsto esta situación y hayan decidido programar los dispositivos para que generen automáticamente un nuevo *token* en el caso de que haya un silencio de red prolongado? Si la red se dividiese en muchos segmentos, los segmentos aislados podrían, en este caso, generar sus propios *tokens* y reanudar la comunicación entre sus dispositivos respectivos, lo que es ciertamente mejor que el completo silencio de antes. El problema ahora es, que pasa si un técnico localizase el cable partido y lo reconectase? Ahora, habría múltiples *tokens* en la red y la confusión reinaría.

Otro ejemplo de la debilidad potencial del *token-passing* es considerar lo que podría pasar en tal tipo de red si el dispositivo que tenga el *token* fallara antes de tener la oportunidad de entregar el *token* a otro dispositivo, en este caso toda la red estaría en silencio, porque no habría ningún dispositivo que pueda procesar el *token*. Los diseñadores pueden prever este escenario y pre-programar los dispositivos para que generen un nuevo *token* pasado un intervalo de silencio. Esto provocaría otro problema: la generación de muchos *tokens* cuando la red sufra un daño severo. Recuerde que estos *tokens* habrán sido generados como un esfuerzo para mantener la comunicación en los segmentos aislados. Cuando esta red sea reconectada, los *tokens* generados serían una fuente de colisiones (estas redes normalmente no sufren colisiones).

CSMA

Un método completamente diferente de arbitraje de canal se usa cuando todos lo dispositivos tienen la posibilidad de iniciar la comunicación en una red silenciosa. Esto se denomina *CSMA* o *Carrier Sense Multiple Access*. No existen dispositivos *master* dedicado ni esclavos, tampoco los dispositivos comparten el derecho de la palabra en forma alternada como en el caso de *token-passing*. Cualquier dispositivo en una red CSMA puede hablar cuando la red esté libre. Esto es análogo a una conversación informal entre varias personas en la que cualquiera esté libre para hablar en un momento de silencio.

Claramente, que esta forma igualitaria de arbitraje de canal conduce a instancias en la que dos o más dispositivos comiencen a comunicarse simultáneamente. Esto se denomina colisión *collision* y debe ser resuelto de alguna forma en una red CSMA para que pueda ser algo práctico.

Existen varios métodos para superar este problema. Quizás el método más popular en términos de redes instaladas es el *CSMA/CD Carrier Sense Multiple Access*, es la estrategia usada en *Ethernet*. Con CSMA/CD, todos los dispositivos no solo son capaces de sensar un canal cuando esté libre, sino que también cuando haya ocurrido colisión contra otro dispositivo transmisor. En el caso de la ocurrencia de una colisión, los dispositivos que hayan colisionado dejarán de transmitir y esperarán un tiempo aleatorio antes de reintentar la transmisión. Las demoras individuales son aleatorias con el fin de disminuir la probabilidad de que vuelvan a colisionar los mismos dispositivos después de la pausa. Esta estrategia es similar a tener diferentes parejas que mantienen una conversación entre sí en un grupo en el que todas las personas involucradas tienen igual derecho de comenzar a hablar, e igual deferencia con respecto de sus pares en el caso de que dos o más comenzasen a hablar en forma simultánea. Las colisiones ocasionales son normales en una red CSMA/CD, por lo que no debe ser tomado como una indicación de problema, a menos que sucedan con mucha frecuencia.

Un método diferente para resolver el problema de las colisiones es pre-asignar un número de prioridad a cada dispositivo en red que determine el orden de retransmisión ante una colisión. Esto se denomina *CSMA/BA* o *Carrier Sense Multiple Access with Bitwise Arbitration* y es equivalente a tener a muchas personas de diferentes niveles sociales manteniendo una conversación en un grupo. Todas tienen la libertad de hablar cuando la pieza esté en silencio, pero si dos o más personas comenzaren a hablar al mismo tiempo, la persona de menor rango deberá aguardar. Esta estrategia se utiliza en DeviceNet, una red industrial basada en la tecnología CAN, una de las redes más populares usadas en los sistemas de control de las motores de autos.

Algunas redes CSMA no tienen el lujo de la detección de colisiones por lo que deben preocuparse más de prevenir colisiones que de recuperarse elegantemente de estas. Las redes digitales inalámbricas son un ejemplo en el que la detección de colisión no es una opción, puesto que un dispositivo inalámbrico (radio) tienen una sola antena y un solo canal por el que no puede oír a los otros dispositivos mientras está transmitiendo, por lo que no podrán detectar una colisión cuando esta ocurra. Una forma de evitar colisiones en este caso es tener preasignados números de prioridad en la red, los que determinarán cuánto tiempo debe esperar cada dispositivo ente el evento de una red quieta antes de que se le permita transmitir un mensaje. De esta forma no podrán haber dos dispositivos en la red que tengan el mismo tiempo de espera, lo que hace que no se produzcan colisiones. Esta estrategia se denomina *CSMA/CA* o *Carrier Sense*

Multiple Access with Collision Avoidance y es la técnica que se usa en las redes WLAN (IEEE 802.11). Una consecuencia de este método basado en evitar colisiones es el acceso no igualitario a la red. Aquellos dispositivos que tengan mayor prioridad (con tiempos menores de espera) siempre tendrán mayor ventaja para transmitir sus datos que los dispositivos de menor prioridad. El grado de disparidad en el acceso a la red crece en la medida en que más dispositivos ocupen la red. CSMA/CA es equivalente a un grupo de tímidos que conversan, cada persona tienen miedo de que comenzar a hablar al mismo tiempo que otra, por lo que cada persona espera un tiempo diferente a continuación del último sonido emitido antes de tener la temeridad de comenzar a hablar. Este tipo de comportamiento ultra educado no evita que alguien interrumpa accidentalmente a otro, lo que significa que la persona más tímida tenga la menor posibilidad de hablar.

Un problema potencial que puede ocurrir en cualquier red digital, pero en particular en las redes que usan arbitraje CSMA, es algo conocido como *jabbering*. Si en una red un dispositivo de red fallara en el momento que debe transmitir y se quedara transmitiendo eternamente una portadora sin datos, ninguno de los otros dispositivos CSMA estarían autorizados a transmitir porque detectarían continuamente una señal de portadora generada por el dispositivo fallado. Algunos dispositivos *Ethernet* tienen *jabber latch* que son circuitos de protección diseñados para detectar *jabber* y para hacer que el dispositivo con problemas sea retirado de la red.

1.2.6 Conjuntos de Códigos

Independientemente de los métodos de codificación de bits de datos en señales eléctricas, ópticas o de radio, de la normalización en la velocidad de las transmisión de los bits y de la disposición de los bits en grupos con bits de *start* o de *stop* y de los métodos de canal común, todavía queda pendiente el tema de cómo representar algo diferente de valores booleanos (on/off, true/false, mark/space, etc.) usando símbolos de "1" and "0". Por eso es que son útiles los códigos.

Códigos *Morse* y *Baudot*

El código Morse fue uno de los primeros códigos utilizados para representar letras del alfabeto y cifras del 0 al 9, y de algunos otros caracteres, en la forma de puntos y rayas. El código Morse Internacional no requiere más de 6 bits de datos por caracter y algunos caracteres solo tendrían 1 bits (es el caso de las letras E y T).

El código Morse con sus códigos de longitud variable, aunque muy eficiente en términos de la cantidad total de puntos y rayas que se requieren para transmitir mensajes de texto, presentó dificultades durante la automatización en las máquinas de teletipos. Para resolver este problema tecnológico, *Emile Baudot* inventó un código diferente donde cada uno de los caracteres tenía 5 bits. Aunque esto ofrece solamente 32 caracteres suficiente para representar las 26 letras del alfabeto Inglés y diez otras cifras y símbolos de puntuación, *Baudot* resolvió satisfactoriamente el problema usando dos caracteres espaciales de "shift": uno llamado "letters" y el otro llamado "figures." Los otros 30 caracteres tenían doble significado dependiendo del último caracter "shift" que se hubiera emitido en la cadena de datos seriales.

EBCDIC y ASCII

Un intento más moderno de codificación de caracteres útil para la representación de textos fue el código *EBCDIC Extended Binary Coded Decimal Interchange Code* inventado por IBM en 1962 para ser usado en *mainframes*. En EBCDIC, cada caracter era representado por un byte (8 bits), lo que ofrece un código de 256 (2^8) caracteres únicos. Esto no solo proporcionó suficiente cantidad de caracteres únicos para representar todas las letras del alfabeto inglés (con mayúsculas y minúsculas por separado) y las cifras del 0 al 9, sino que también un conjunto rico de caracteres de control como "null," "delete," "carriage return," "linefeed," y otros caracteres útiles para controlar la acción de impresoras electrónicas y otras máquinas como *plotters*.

Algunos valores en el conjunto del código EBCDIC eran usados muy poco, por lo que el código EBCDIC era un tanto ineficiente para transferencias masivas de datos. El código ASCII surgió como un intento para mejorar este problema. El código *ASCII* o *American Standard Code for Information Interchange* fue desarrollado en 1963 y revisado posteriormente en 1967, en ambos casos por la *American National Standards Institute (ANSI)*. El código ASCII es un código de 7 bits, ofreciendo 128 combinaciones únicas en lugar de las 256 combinaciones únicas del EBCDIC. El compromiso entre ASCII y EBCDIC consistió en utilizar un conjunto menor de caracteres de control.

IBM creó su propia versión extendida del ASCII que tenía 8 bits por caracter. En este código extendido se incluyeron algunos caracteres que no eran del alfabeto inglés y caracteres gráficos especiales muchos de los cuales pueden usarse juntos para hacer aparecer líneas y cuadros en hojas de papel impresos por la impresora.

El código ASCII es ampliamente popular en la actualidad. Cualquier transmisión digital de textos del inglés está codificado en ASCII. Casi todos los textos basados en código fuente de computador se almacenan usando código ASCII, en el que se usan códigos de 7 bits para representar caracteres alfanuméricos incluyendo las instrucciones de programa.

El código básico ASCII de 7 bits se muestra en la siguiente tabla (Tab. 1.4), con los 3 bits más significativos en columnas diferentes y los 4 bits menos significativos en diferentes filas. Por ejemplo, la representación ASCII de la letra "F" es 1000110, la representación ASCII del signo igual (=) es 0111101 y la representación digital para la letra "q" es 1110001.

Tabla 1.4: Código ASCII

MSB→ ↓LSB	000	001	010	011	100	101	110	111
0000	NUL	DLE	SP	0	@	P	`	p
0001	SOH	DC1	!	1	A	Q	a	q
0010	STX	DC2	"	2	B	R	b	r
0011	ETX	DC3	#	3	C	S	c	s
0100	EOT	DC4	$	4	D	T	d	t
0101	ENQ	NAK	%	5	E	U	e	u
0110	ACK	SYN	&	6	F	V	f	v
0111	BEL	ETB	'	7	G	W	g	w
1000	BS	CAN	(	8	H	X	h	x
1001	HT	EM	)	9	I	Y	i	y
1010	LF	SUB	*	:	J	Z	j	z
1011	VT	ESC	+	;	K	[	k	{
1100	FF	FS	,	<	L	\	l	|
1101	CR	GS	-	=	M	]	m	}
1110	SO	RS	.	>	N	^	n	~
1111	SI	US	/	?	O	_	o	DEL

Unicode

Existen muchos lenguajes escritos cuyos caracteres no pueden ser representados por EBCDIC o por ASCII. En un intento por remediar esto se ha desarrollado un código estándar llamado *Unicode*, con 16 bits por caracter. Este campo de bits ofrece 65536 combinaciones posibles, lo que es suficiente para representar en forma única cada caracter de cada lenguaje escrito en el planeta. Para mantener la compatibilidad con los estándares existentes, Unicode encapsula al ASCII y al EBCDIC como subconjuntos de caracteres dentro del conjunto Unicode.

1.2.7   El modelo de referencia OSI

Las comunicaciones digitales pueden ser descritas de diferentes formas. Una conexión formada entre dos computadores para intercambiar un documento de texto es una actividad de varias capas que involucra varios pasos para convertir el lenguaje humano en pulsos eléctricos a ser transmitidos y luego la conversión de estos pulsos de vuelta a lenguaje humano en el extremo receptor. No es sorprendente que existan muchas formas para realizar esta misma tarea: diferentes tipos de redes, diferentes codificaciones, diferentes *softwares* de comunicación y de presentación, etc..

Para explicar mediante una analogía, piense en todas las acciones y componentes que son necesarios para mudar una casa con un transporte de mudanzas. Para mover los muebles desde un apartamento a una casa, por ejemplo, se requeriría lo siguiente:

- Un vehículo apropiado

- Direcciones de las casas de origen y destino

- Licencia de conducir y reglas del tránsito

- Combustible para el vehículo

- Conocimientos de cómo realizar el traslado de muebles con seguridad

- Conocimientos de cómo los muebles pueden ser colocados en la casa

Estos detalles pueden ser demasiado triviales para que valga la pena mencionarlos, pero imagine que tenga que contarle a un extraterrestre cada detalle y componente. Una forma para manejar tamaña complejidad es asignar diferentes personas en diferentes capas de detalle. Por ejemplo, un ingeniero mecánico podría disertar sobre los detalles de cómo los motores queman combustible para realizar el trabajo mecánico (impulsar el vehículo) mientras que un cargador de muebles podría describir cómo los muebles se cargan y se sacan del vehículo. Un instructor de conductores expondría sobre el proceso de guiar con seguridad un vehículo, mientras un arquitecto a cargo de la planificación urbana podría explicar la organización de la ciudad en calles y direcciones usando un mapa de la ciudad. Finalmente un decorador de interiores podría hablar profusamente sobre cómo colocar los muebles en un casa. Cada persona podría describir un aspecto diferente de la mudanza que sea importante en cumplir el objetivo final de la mudanza desde un lugar a otro.

Además, desde el punto de vista de cada especialista, podría haber alternativas. Por ejemplo, hay muchos modelos y diseños de vehículos que se podrían usar para el trabajo, y muchos caminos entre los lugares de origen y destino de la mudanza. La forma en que se expresan las direcciones podría ser diferente de una ciudad a otra e incluso las reglas del tránsito pueden diferir. También puede haber varios trayectos entre los dos puntos del recorrido. Finalmente, no hay una forma definitiva para colocar los muebles en la casa de destino, cada uno teniendo sus propio mérito estético.

De la misma forma, se puede dividir la comunicación digital en distintos aspectos, desde la representación de bits 1 y 0 como señales eléctricas/ópticas/radiales en la representación final de los datos en una forma entendible para los seres humanos. Cada uno de esos aspectos es importante para el objetivo global de la comunicación digital y podría haber métodos alternativos para cada aspecto. Se pueden representar 0 y 1 usando codificación NRZ *Non-Return to Zero*, codificación Manchester, modulación FSK, etc.; las señales pueden ser eléctricas o pueden ser ópticas o pueden ser ondas de radio; la opciones de cableado eléctrico y de tipos de conectores pueden ser variadas. Los bits pueden ser agrupados en forma diferente cuando se realiza el empaquetado previo a la transmisión y el arbitraje entre los dispositivos de la red puede ser llevado a cabo de diferentes maneras. La forma en que se direccionen los dispositivos en la red de tal forma que los mensajes sigan una ruta al destino apropiado es también muy importante.

Una vez hubo un esquema de cómo debía describirse un sistema de comunicación. La idea era que todos debiesen seguir las recomendaciones en forma normativa sin embargo este propósito no fue conseguido y el esquema quedó solamente como una recomendación general para poder describir partes de otras normas, ayudando a clarificar la complejidad de las comunicaciones digitales mediante la división de las funciones digitales en 7 capas distintas. Este esquema fue desarrollado por la *ISO* (International Organization for Standards) en 1983, el Modelo de Referencia *OSI* divide las funciones de comunicación en las siguientes categorías, se muestran en la tabla con ejemplos (Fig. 1.22).

La gran mayoría de las normas de redes digitales existentes hacen uso parcial del modelo de 7 capas. Cualquiera de los estándares *Ethernet*, por ejemplo, se aplica a las capas 1 y 2, pero ninguno a las capas de nivel alto. En otras palabras, *Ethernet* es un medio de codificar información digital en forma electrónica y en empaquetar estos datos en una forma normalizada que sea entendible por otros dispositivos *Ethernet*, pero no proporciona funcionalidad más allá de eso. Las normas de redes industriales comunes como EIA/TIA-232 y EIA/TIA-485 no van más allá, siendo limitados a temas de capa 1 (niveles de voltaje de las

Capa 7 Aplicación	Aquí es donde los datos digitales adquieren un significado útil en el contexto de alguna actividad humana Ejemplos: HTTP, FTP, Telnet, SSH
Capa 6 Presentación	Aquí es donde los datos cambian de formato Ejemplos : ASCII, EBCDIC, MPEG, JPG, MP3
Capa 5 Sesión	Aquí es donde las conversaciones entre dispositivos digitales se abren o cierran, y donde se garantiza la fluidez de los datos Ejemplos: Sockets, NetBIOS
Capa 4 Transporte	Aquí es donde se ve la transferencia de los datos como un todo sin errores Ejemplos: TCP, UDP
Capa 3 Red	Aquí es donde el sistema determina direcciones de redes y donde se ofrece una forma para que los datos vayan de un nodo a otro. Ejemplos: IP, ARP
Capa 2 Enlace de datos	Aquí es donde se definen métodos para la transferencia de datos y sus secuencias dentro del segmento más pequeño de la red. Ejemplos: CSMA/CD, Token Passing, Master/Slave
Capa 1 Física	Aquí es donde los bits de datos son adaptados a señales eléctricas, ópticas o de otro tipo y donde se definen detalles y tipos de conectores Ejemplos: EIA/TIA-232, 422, 485, Bell 202,

Figura 1.22: Niveles OSI

señales, cableado y en algunos casos tipos de conectores eléctricos). En contraste, otras normas de redes industriales no especifican nada que pertenezca a las capas inferiores, sino que se enfocan en las capas superiores. Modbus, por ejemplo, está preocupado por la capa 7 y nada más. Esto significa que si dos o más dispositivos industriales en una red (por ejemplo: controladores lógicos programables, o PLCs) usasen Modbus para comunicarse entre ellos, esto solo se referiría a los códigos de programación de alto nivel diseñados para requerir e interpretar datos dentro de estos dispositivos. Las conexiones de cables reales, las señales eléctricas y las técnicas de comunicaciones usadas en esta red ModBus pueden ser muy diferentes: cualquier cosa desde EIA/TIA-232 a *Ethernet* o redes inalámbricas podrían ser usadas para transmitir realmente las instrucciones de alto nivel de ModBus entre dos PLCs.

Las siguientes secciones exploran algunos estándares comunes de redes que se usan para sistemas de instrumentación industrial. El Modelo de Referencia de la OSI será mencionado cuando y donde sea apropiado.

1.3 EIA/TIA-232, 422, y redes 485

Algunas de las formas más simples de redes de comunicaciones digitales que se encuentran en la industria están definidas por los grupos de la EIA (Electronic Industry Alliance) y la TIA (Telecommunications Industry Alliance) que tienen la etiqueta 232, 422 y 485. Esta sección discute estos tres tipos de redes.

1.3.1 EIA/TIA-232

La norma EIA/TIA-232C, conocida inicialmente como *RS-232*, es una norma que define detalles que pueden ser encontrados en la capa 1 del Modelo de Referencia de la OSI (voltajes de señalización, tipos de conectores) y algunos detalles encontrados en la capa 2 del modelo OSI (transferencia asíncrona, señales de diálogo *handshaking* entre dispositivos de transmisión y de recepción). En los comienzos de la computación personal, casi todos los computadores PC (compatibles con el modelo Ibm PC) tenían un conector de 9 o de 15 pines (en algunos casos, más de uno) dedicado a esta forma de comunicación digital. Durante un tiempo, esta fue la forma en que los dispositivos periféricos como teclados, impresoras, modems y mouses *mice* se conectaban al PC. USB (Universal Serial Bus) ahora ha reemplazado a EIA/TIA-232 en los computadores personales, pero este último aún vive en el mundo de los dispositivos industriales.

Las redes EIA/TIA-232 son punto a punto, están pensadas para conectar solamente dos dispositivos. La señalización es del tipo *single-ended* (también llamada *unbalanced*), lo que significa que los respectivos pulsos de voltaje están referidos a un conductor común de tierra, se usa un solo conductor para transferir datos en cada dirección (Fig. 1.23).

El EIA/TIA-232 especifica voltajes positivos y negativos (con respecto al conductor común de tierra) para señalización

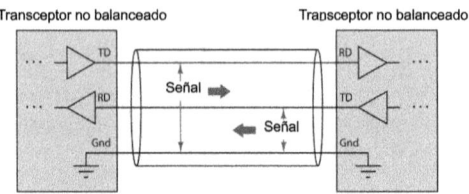

Figura 1.23: Señalización no balanceada

NRZ: cualquier señal menos negativa que -3 volts detectada en el receptor es considerada marca (1) y cualquier señal más positiva que +3 volts detectada en el receptor es considerado un espacio (0). Se espera que los transmisores EIA/TIA-232 generen señales de voltaje de -5 y +5 volts (amplitud mínima) para asegurar que al menos haya 2 volts de margen con respecto al ruido entre transmisor y receptor.

Los conectores de los cables también son especificados como parte de la norma EIA/TIA-232, el más común es el conector de 9 pines DE-9 (frecuentemente llamado DB-9). Se muestra la distribución de los pines de un conector (Tab. 1.5) DE-9 para cualquier dispositivo *DTE Data Terminal Equipment* en el extremo de un cable EIA/TIA-232 (Fig. 1.24).

Los terminales destacados en letra representan aquellas conexiones absolutamente esenciales para que funcione un enlace EIA/TIA-232. Los otros terminales transportan señales opcionales de diálogo *handshaking* especificadas para el fin de coordinar las transacciones de datos (estos son detalles de capa 2).

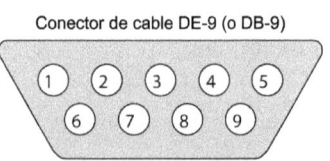

Figura 1.24: Pines del conector DE-9 (DB-9)

En el caso de equipos *DCE Data Communications*

Tabla 1.5: Función de los pines en RS232C

Pin	Función	Abreviatura
1	Carrier Detect	CD
2	**Received Data**	**RD**
3	**Transmitted Data**	**TD**
4	Data Terminal Ready	DTR
5	**Signal Ground**	**Gnd**
6	Data Set Ready	DSR
7	Request To Send	RTS
8	Clear To Send	CTS
9	Ring Indicator	RI

Equipment como los modems, los que extienden las señales EIA/TIA-232 hacia otros dispositivos, la asignación de los pines 2 y 3 está intercambiada: el pin 2 es el Transmitted Data (TD), mientras que el pin 3 es el Received Data (RD) de un dispositivo DCE. Esto permite que haya conexiones pin-a-pin entre los dispositivos DTE y DCE, de tal forma que el pin de transmisión del dispositivo DTE se conecte al pin de recepción del DCE y vice-versa (Fig. 1.25).

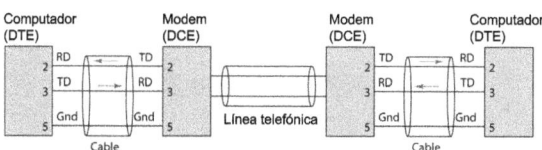

Figura 1.25: Conexiones DTE-DCE

Si se deseara conectar dos dispositivos DTE usando EIA/TIA-232, se necesitaría un cable especial denominado *null modem* que intercambia las conexiones entre los pines 2 y 3 de cada dispositivo. Una conexión *null modem* es necesario para que el pin transmisor de cada dispositivo DTE se conecte al pin receptor del otro dispositivo DTE (Fig. 1.26).

El concepto de modem nulo no es único en los circuitos EIA/TIA-232. Cualquier estándar de comunicación que tenga canales separados de transmisión y de recepción necesita una conexión modem-nulo que tenga los canales de transmisión y de recepción intercambiados para ser capaz de transmitir directamente sin los beneficios de los dispositivos de

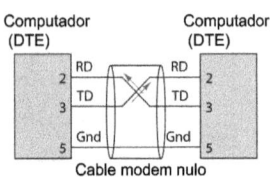

Figura 1.26: Conexion modem nulo

interconexión DCE. El estándar EIA/TIA-485 de cuatro cables e *Ethernet* sobre par trenzado son dos ejemplos de estándares de redes donde se requiere un cable de tipo nulo para conectar directamente dos dispositivos DTE.

Las redes EIA/TIA-232 pueden ser simples pero tienden a ser muy limitadas en velocidad de datos (*data bit rate*) y distancia, ambos parámetros están inversamente relacionados. Las referencias al estándar EIA/TIA-232 citan repetidamente una velocidad de 19.2 kbps a través de un cable de 50 pies. Hay resultados experimentales que sugieren mejores combinaciones de velocidad y distancia en condiciones óptimas (capacitancia baja del cable, ruido mínimo y buena tierra). Puesto que este estándar de comunicación fue desarrollado para conectar periféricos a computadores (típicamente dentro del alcance de una habitación) y a velocidades modestas, ninguna de estas limitaciones era significativas para las aplicaciones involucradas.

1.3.2 EIA/TIA-422 y EIA/TIA-485

Los dos estándares que se verá son menos abarcadores que el EIA/TIA-232, especifican solamente las características eléctricas de la señalización sin tener en cuenta los tipos de conectores o cualquier consideración de diálogo (propias de la capa 2). Dentro de estos dominios, los estándares 433 y 485 difieren significativamente de 232, sus diseños están enfocados en optimizar el largo máximo del cable y de maximizar la velocidad (*data rate*).

Para comenzar, la señalización eléctrica usada para EIA/TIA-422 y EIA/TIA-485 es diferencial en lugar no balanceada. Esto significa que se usan dos cables exclusivamente para cada canal de comunicación en lugar de un solo cable cuyo voltaje esté referido a un punto común de tierra como en el caso de EIA/TIA-232 (Fig. 1.27).

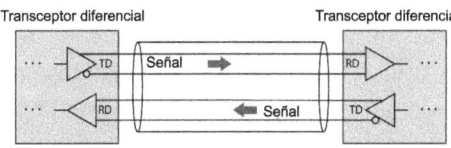

Figura 1.27: Codificación diferencial

El uso de pares de cables dedicados en lugar de conductores únicos que compartan una tierra común significa que las redes de EIA/TIA-422 y EIA/TIA-485 tienen mejor inmunidad frente al ruido inducido que EIA/TIA-232. Cualquier ruido eléctrico inducido a lo largo de los cables de red tiende a ser el mismo en todos los conductores de un cable multifiliar que no estén conectados a tierra, pero como los receptores de las redes EIA/TIA-422 y EIA/TIA-485 solo responden a voltajes diferenciales (no a voltajes de modo común), el ruido inducido es ignorado.

La ventaja de la señalización diferencial sobre la señalización no balanceada puede entenderse a través de una comparación gráfica. La primera ilustración muestra el efecto sumado del ruido eléctrico en un conductor no conectado a tierra, sobre una señal de datos digital, en el momento de la recepción. El ruido está modelado como una fuente de voltaje en serie con el conductor, cerca del extremo receptor, cuando en realidad el ruido se encuentra distribuido a lo largo del cable (Fig. 1.28).

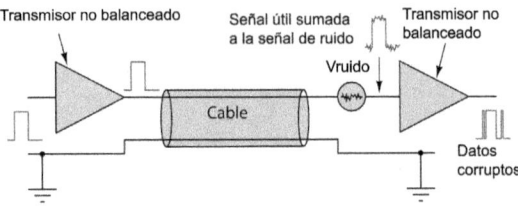

Figura 1.28: Efecto del ruido sobre la codificación digital

Si el voltaje de ruido sumado detectado en el receptor tuviese una amplitud pico-a-pico suficiente para empujar la señal de voltaje por encima o por debajo de los niveles de umbral críticos, el receptor interpretará esto como un cambio de estado digital y causará corrupciones en la corriente de datos.

Por contraste, cualquier ruido sumado en un conductor que no esté conectado a tierra en un circuito de señalización diferencial se cancelaría en el receptor, porque la cercanía de los conductores aseguraría que el ruido inducido sea el mismo. Puesto que el receptor responde solamente al voltaje diferencial entre sus dos entradas, este ruido de modo común se cancela, revelando una señal de datos limpia en el extremo (Fig. 1.29).

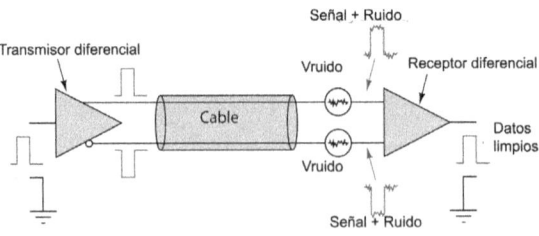

Figura 1.29: Cancelación del ruido de modo común

Ambos sistemas, EIA/TIA-422 y EIA/TIA-485, usan señalización diferencial, lo que les permite operar con cables más largos y a mayores velocidades que EIA/TIA-232, el que tiene una conexión no balanceada. Hay otros estándares de alta velocidad que usan también señalización diferencial (Ethernet y Universal Serial Bus).

EIA/TIA-422 es un estándar*simplex* (de un sola vía) de comunicación, y el EIA/TIA-485 es un estándar *duplex* (de dos vías). Ambos soportan más de dos dispositivos en un segmento de red. Con EIA/TIA-422 esto significa que hay un transmisor y varios receptores. En EIA/TIA-485 esto puede incluir varios transceptores (son dispositivos capaces de transmitir y de recibir en momentos diferentes: half duplex). Se necesitan cuatro cables para interconectar dos de estos dispositivos entre sí cuando se necesite comunicación *full-duplex* (comunicación simultánea de dos vías). La comunicación *full-duplex* es práctica cuando haya solo dos equipos comunicándose (como se mostró en la ilustración anterior).

EIA/TIA-422 y EIA/TIA-485 especifican voltajes de diferencia positivos y negativos (medidos entre cada par de cables dedicados) para señalización: cualquier señal menos negativa que -200 mV es una marca (1) y cualquier señal positiva mayor que +200 mV es un espacio (0). Estos umbrales de voltaje son mucho más bajos que los de EIA/TIA-232($\pm$ 3 volts) debido a las propiedades de cancelación de ruido de la señalización diferencial. Los transmisores de EIA/TIA-422 (drivers) deben generar señales de voltaje de +2 V y-2 V (amplitud mínima)para asegurar que al menos haya un margen de ruido de 1.8 V entre el transmisor y el receptor. A los *drivers* EIA/TIA-485 se les permite un margen de ruido menor con los niveles mínimos de señal entre -1.5 V y +1.5 V.

El largo máximo recomendado para el cable para las redes de EIA/TIA-422 y EIA/TIA-485 es de 1200 metros. La velocidad máxima es inversamente proporcional al largo del cable (al igual que con EIA/TIA-232), pero sustancialmente mayor debido a la inmunidad frente al ruido de la señalización diferencial. Con cables más largos y mayores velocidades de datos, algunas aplicaciones requieren resistores de terminación para eliminar las señales reflejadas. Los experimentos de *Texas Instruments* demuestran que la integridad de las señales es aceptable a 200 kbps sobre un cable de 100 pies de largo sin resistores de terminación. Con un resistor de terminación en la entrada del receptor (en el caso de transmisiones de datos *simplex*) en vez del mismo cable de 100 pies, se puede alcanzar hasta 1 Mbps.

Debido a la ausencia de un estándar para los conectores de los cables en las redes EIA/TIA-422 y EIA/TIA-485, no se ha establecido numeración alguna para los pines en ciertos conductores que se usan para los conductores de transmisión y recepción diferencial. Una convención común en la industria son las etiquetas A y B, también llamadas - o + o A- y B+ para recordar la polaridad en estado de reposo (el estado de marca o de 1). En una red de 4 cables EIA/TIA-485 donde se lleve a cabo la operación *full-duplex* los terminales y conexiones se verían como esta (Fig. 1.30).

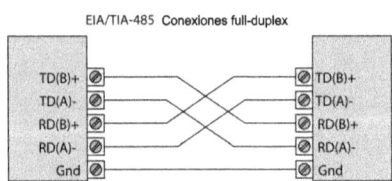

Figura 1.30: Conexión *full-duplex*

Note el uso de un conductor de tierra conectando ambos dispositivos entre sí. Aunque la señalización de datos es diferencial y por lo tanto, en teoría, no se requiere una conexión de tierra común (puesto que el voltaje de modo común es ignorado) se usa una conexión a tierra para asegurar que el voltaje de modo común no sea excesivo porque los circuitos de un receptor real no pueden ser expuestos a ciertos niveles altos de voltajes de modo común.

Un esquema popular de conexión en EIA/TIA-485 para operación *half-duplex* es cuando los pares de terminales *Transmitted Data TD* y *Received Data RD* están combinados, de tal forma que la comunicación en dos vías pueda llevarse a cabo por uno de los pares de cables. En estos dispositivos es normal etiquetar los terminales con *Data* y *A-* y *A+* (Fig. 1.31).

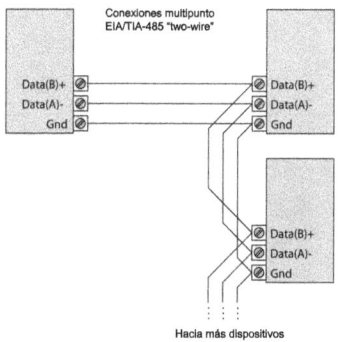

Figura 1.31: Conexión en EIA/TIA-485

La posibilidad de la operación *half-duplex* deja abierta la pregunta de cómo realizar el arbitraje de canal y el direccionamiento de los dispositivos, pero puesto que el estándar EIA/TIA-485 no especifica nada fuera de la capa 1, estos temas se dejan para que otros estándares de redes lo toquen. En otras palabras EIA/TIA-485 no es un estándar completo de comunicación sino que solamente sirve como componente de capa 1 de otros estándares como Allen-Bradley's *Data Highway* (DH), Opto 22's *Optomux* y otros.

Cuando EIA/TIA-422 o EIA/TIA-485 se usen para las comunicaciones de alta velocidad usando cables largos deben usarse resistores de terminación para evitar las reflexiones de la señal. Las redes que tienen cables cortos y velocidades bajas pueden funcionar bien sin los resistores de terminación. Sin embargo, los efectos de las señales reflejadas se agravan si el tiempo de reflexión (el tiempo que demora la señal en dar la vuelta desde un extremo del cable hasta el otro) es una fracción de la duración de bit.

Ninguna red debe tener más de dos resistores de terminación, una a cada extremo y debe tenerse cuidado de limitar las extensiones de los cables *stubs* o *spurs* que salen del cable principal *trunk* (Fig. 1.32).

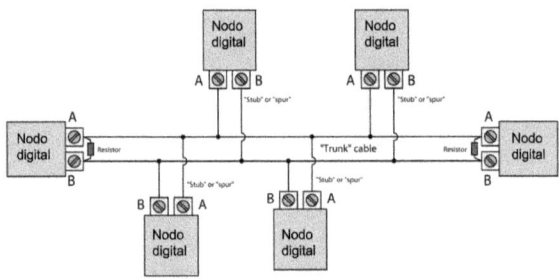

Figura 1.32: Resistores de terminación

El valor adecuado de estos resistores, claramente, es igualar la impedancia característica del cable. Un resistor de terminación de mayor valor que la impedancia del cable causaría reflexiones de amplitud limitada, mientras que un resistor de menor valor que la impedancia del cable causaría reflexiones negativas de amplitud limitada.

Sin embargo, la inclusión de resistores de carga en una red EIA/TIA-422 o EIA/TIA-485 podría causar otros problemas. Muchos dispositivos usan un par de resistores de polarización internos para establecer el estado de marca necesario para la condición de reposo al conectar, el terminal A una fuente de alimentación negativa a través de un resistor y el terminal B a un voltaje positivo a través de otro resistor. Si se conectara un resistor de terminación entre los terminales A y B se alterarían los niveles de voltaje normales proporcionados por estos resistores de polarización.

El siguiente diagrama esquemático muestra el circuito

equivalente de un dispositivo transceptor EIA/TIA-485 al que se le ha conectado un resistor de terminación.

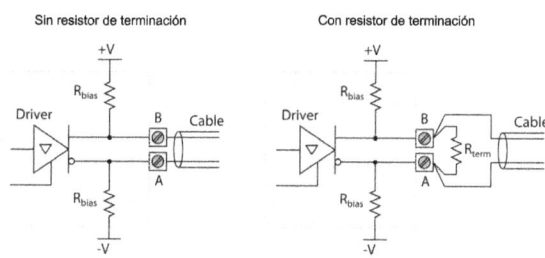

Figura 1.33: Circuito equivalente de un dispositivo transceptor EIA/TIA-485

Cuando este *driver* esté en un estado de alta impedancia (Alta Z), el estado de reposo del par de cables sería establecido por los resistores de polarización igual que el voltaje de alimentación, de tal forma que no haya carga. Sin embargo, un resistor de terminación actuaría como una carga DC con respecto a la red de polarización causando una reducción sustancial del voltaje de reposo hacia 0 volts. Note que el umbral de recepción para el estado de marca es de -200 mV en ambos estándares (terminal A negativo y terminal B positivo). Si la presencia del resistor de terminación redujese el voltaje de reposo a un voltaje menor que 200 mV absolutos, el funcionamiento de la red se comprometería.

Así se ve que la inclusión de cualquier resistor de terminación debe ser acompañada de un análisis de las redes de polarización del dispositivo si se requiere una operación robusta de la red. Sería bastante ingenuo conectar un resistor de terminación en una red EIA/TIA-422 o EIA/TIA-485 sin considerar el efecto combinado de la polarización.

1.4 Redes *Ethernet*

Un ingeniero llamado *Bob Metcalfe* concibió la idea de
Ethernet en 1973 mientras trabajaba para el centro de
investigación de Xerox en Palo Alto, California. Su
invención fundamental fue el método CSMA/CD de
arbitraje de canal, el cual permite que varios dispositivos
compartan un canal común de comunicación a la vez que
se recuperen elegantemente de las colisiones inevitables.
De acuerdo a la visión de *Metcalfe* toda la inteligencia
de la red podría estar construida directamente en el
dispositivo controlador situado entre los dispositivos DTE
(computadores, terminales, impresoras, etc.) y una red de
cable coaxial completamente pasiva. A diferencia de otras
redes en operación en ese tiempo, la red de *Metcalfe* no
descansaba en dispositivos adicionales para ayudar en la
coordinación de la comunicación entre dispositivos DTE. El
enlace de cable coaxial que unía los dispositivos DTE debía
ser completamente pasivo y tonto, sin que realizase otra tarea
que no fuese la conducción de señales de propagación entre
todos los dispositivos. En este sentido, es equivalente al
Luminiferous ether que una vez se creyó que inundaba el
espacio vacío: conduciendo ondas electromagnéticas entre
puntos separados.

El diseño original de la red de *Metcalfe* operaba
a una velocidad de 2.94 Mpbs, impresionante para ese
tiempo. Por 1980, las tres compañías estadounidenses
de computadores: DEC Digital Equipment Corporation,
Intel y Xerox habían colaborado para revisar el diseño de
Ethernet para que operara a una velocidad de 10 Mpbs y
liberaron un estándar llamado *DIX Ethernet* (el acrónimo
DIX representaban las primeras letras del nombre de cada
compañía). Posteriormente, los comités de estándares de las
redes de área metropolitana y de área local codificaron el
estándar DIX *Ethernet* bajo la etiqueta numérica 802.3. En la
actualidad existen muchos estándares complementarios bajo
la definición básica 802.3, se listan unos cuantos:

- 802.3a-1985 *10BASE2 "thin" Ethernet*

- 802.3d-1987 *FOIRL fiber-optic link*

- 802.3i-1990 *10BASE-T twisted-pair cable Ethernet*

- 802.3u-1995 *100BASE-T "Fast" Ethernet and Auto-Negotiation*

- 802.3x-1997 *Full-Duplex standard*

- 802.3ab-1999 *1000BASE-T "Gigabit" Ethernet over twisted-pair cable*

El estándar IEEE 802.3 está limitado a las capas 1 y 2 del Modelo de Referencia de la OSI: las capas *Physical* y *Data link*. En la capa física (1) los complementos describen las diferentes formas en la que los bits son representados en forma eléctrica u óptica, así como los tipos permitidos de cables y de conectores. En la capa de enlace *Data link* (2) el estándar IEEE describe cómo los dispositivos son direccionados (cada uno con un identificador único conocido como *MAC address*, consistiendo en un número binario de 48-bit usualmente dividido en seis bytes, cada byte escrito como un número hexadecimal de dos caracteres) y también cómo las trama de datos *data frames* se organizan para la transmisión *Ethernet*.

1.4.1   Repetidores *Hubs*

El diseño original de *Bob Metcalfe* consistía de dispositivos DTE conectados a un cable coaxial común a través de conectores T como este (Fig. 1.34).

Este tipo de cableado tenía algunos problemas. Primeramente, era inconveniente para instalarlo en una edificación, puesto que cada dispositivo DTE necesitaba estar muy acoplado al troncal principal debido a que los segmentos de cable corto (llamados *stubs*, *spurs* o *drops*) que unían los DTE al troncal principal no podían ser muy largos porque

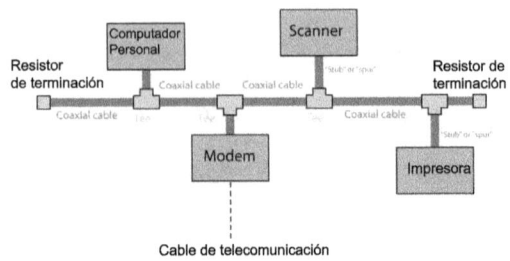

Figura 1.34: Conectores T de Ethernet original

crearían reflexiones múltiples de señal en la línea principal. En segundo lugar, la fuerza de la señal disminuía en cada conector T: cada vez que la señal era desviada a un DTE, perdía potencia. En tercer lugar, la necesidad de tener que usar un elemento de terminación (resistores) en los extremos lejanos del cable *ether* abría la posibilidad de que esos terminadores fallaran, se perdieran o se olvidaran durante la instalación o mantenimiento.

En la medida en que *Ethernet* ha ido evolucionando hacia un estándar práctico de red, uno de los conceptos de mejoras que se agregó al sistema fue el de un repetidor *repeating hub*. Un repetidor es un dispositivo activo diseñado para retransmitir una señal, generalmente para superar la pérdida inevitable de potencia que se debe a la propagación de la señal a través del

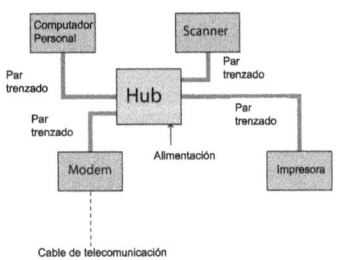

Figura 1.35: Hub

cable. Los repetidores son comunes en la industria de telecomunicaciones donde la telefonía, la televisión y las señales de computadores deben viajar cientos o miles de kilómetros entre los puntos de transmisión y de recepción.

Un *hub* repetidor es un repetidor con muchos puertos en los que se puede insertar un cable, donde cada señal que entre por un cable se repite en los puertos restantes. Así, un hub repetidor o simplemente hub permite que múltiples dispositivos *Ethernet* se interconecten sin que haya degradación en la calidad de la señal (Fig. 1.35).

Los *hubs* no solo mejoran el desempeño del sistema reforzando los niveles de voltaje de las señales, sino que también eliminan la necesidad de los resistores de terminación en la red. Con un sistema basado en *hubs*, todos y cada uno de los cables termina en un dispositivo DTE o DCE, los que se diseñan para que tengan la resistencia de terminación interconstruida en sus circuitos internos transceptores. Esto significa que todos y cada uno de los cables de *Ethernet* están terminados automáticamente con la impedancia apropiada simplemente en el momento en que se conectan al puerto *Ethernet* de cualquier dispositivo. Los cables *Stub* o *Spur* con sus restricciones de largo son cosa del pasado puesto que no hay cables que seccionar o que entroncar en un sistema de redes basado en *hub*.

Los *hubs* son considerados dispositivos de capa 1 porque operan en la capa física de *Ethernet*: todo lo que estos hacen es recibir señales *Ethernet* y retransmitirlas en forma reforzada a los otros dispositivos que estén conectados en el *hub*. El *hub* es una pieza de *hardware* de interconexión y es considerado un DCE *Data Communications Equipment*, en forma opuesta a los dispositivos de fin de cable como los computadores e impresoras los que se denominan DTEs *Data Terminal Equipment*.

Los *hubs* repetidores se pueden conectar entre sí para formar redes mayores (Fig. 1.36).

Puesto que los *hubs* son solamente dispositivos de capa 1 que refuerzan en forma tonta y retransmiten las señales recibidas a sus puertos, su presencia no mitiga las colisiones entre los dispositivos transmisores. En lo que a colisiones entre dispositivos se refiere estos actúan como si estuviesen conectados a un solo cable coaxial. Una forma de expresar

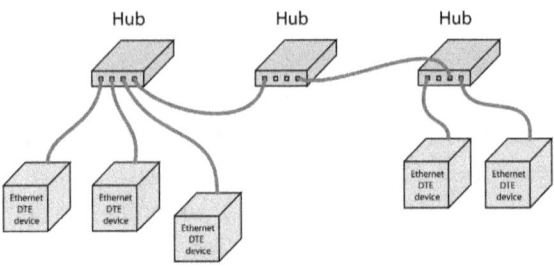

Figura 1.36: Redes de repetidores

este concepto es decir que todas las porciones de la red son parte del mismo dominio de colisión. En otras palabras, cuando una colisión ocurra en una parte de la red, ocurre en toda la red.

1.4.2   Cableado *Ethernet*

Junto con los *hubs* llegó otra forma de cable y conector *Ethernet*: cableado *unshielded, twisted par* (UTP) o conector *RJ-45* plano. Estos cables usan varios pares de cables trenzados en lugar del cable coaxial de la *Ethernet* original de *Metcalfe*. El propósito de usar pares de cables trenzados es reducir el acoplamientos magnético (Fig. 1.37).

En el caso de la *Ethernet* de 10 Mbps sobre cable UTP (llamado 10 BASE-T) y para *Ethernet* de 100 Mbps (llamado 100 BASE-TX), se usaron dos de los cuatros cables disponibles (Fig. 1.6)

Note que la *Ethernet* de 1000 Mbps (Gigabit) sobre pares trenzados usa los cuatros pares de cable (Tab. 1.7).

Con el surgimiento de los cables UTP y de los conectores RJ-45 se produjo una alteración significativa en las bases eléctricas del esquema *Ethernet*. El diseño original de *Metcalfe* usaba un cable coaxial simple como el *ether* que conectaba a los dispositivos. Estos cables tenían solamente dos conductores lo que significa que cada dispositivo

Tabla 1.6: Pines 10BaseT

Pin	Función	Abreviatura
1	Transmit Data (+)	TD+
2	Transmit Data (-)	TD-
3	Receive Data (+)	RD+
4	(no usado)	
5	(no usado)	
6	Receive Data (-)	RD-
7	(no usado)	
8	(no usado)	

Tabla 1.7: Pines Gigabit

Número de pin	Función	Abreviatura
1	Par "A" (+)	BI_DA+
2	Par "A" (-)	BI_DA-
3	Par "B" (+)	BI_DB+
4	Par "C" (+)	BI_DC+
5	Par "C" (-)	BI_DC-
6	Par "B" (-)	BI_DB-
7	Par "D" (+)	BI_DD+
8	Par "D" (-)	BI_DD-

transmitía y recibía datos por los mismos dos conductores. Con los cuatro pares de cables UTP, la transmisión y recepción de señales se realiza en diferentes pares de cables. Esto significa que las conexiones entre los dispositivos *Ethernet* deben emplear un intercambio entre los pares TD y RD para que se pueda realizar la comunicación, de tal forma que la circuitería del receptor de un dispositivo se conecte con la circuitería del transmisor del otro y viceversa. Este es exactamente el mismo problema que tienen las redes EIA/TIA-232 y las redes EIA/TIA-485 de cuatro cables, en las que los pares de cables para transmitir y recibir son diferentes.

En un sistema típico *Ethernet* los *hubs* de interconexión realizan el intercambio de transmisión con recepción. Los *hubs* se consideran dispositivos DCE mientras que los computadores y otros dispositivos de fin de línea se consideran dispositivos DTE. Esto significa que las asignaciones de pines en los dispositivos DTE y DCE deben ser diferentes para que se pueda realizar el intercambio de pines de transmisión y recepción cuando se usen cables rectos. Esto también significa que si alguien desease conectar dos dispositivos *Ethernet* DTE sin la intermediación de un hub, debiera usar un cable especial cruzado *crossover*, idéntico en función a un cable *null modem* que se usa para conectar directamente dos EIA/TIA-232 DTEs.

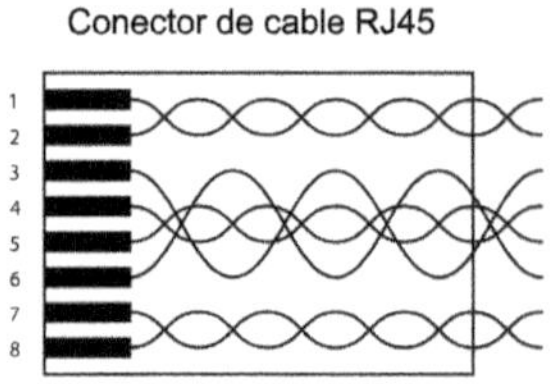

Figura 1.37: Par trenzado

Además, el mismo problema existe cuando se conecten múltiples *hubs* para formar una red mayor. Puesto que cada *hub* es un dispositivo DCE, al usar un cable recto que conecte dos *hubs* se estarían uniendo dos pines de transmisión, no un pin de transmisión con otro de recepción. Consecuentemente se debe usar un cable de cruzado para interconectar dos hubs *Ethernet* (Fig. 1.38).

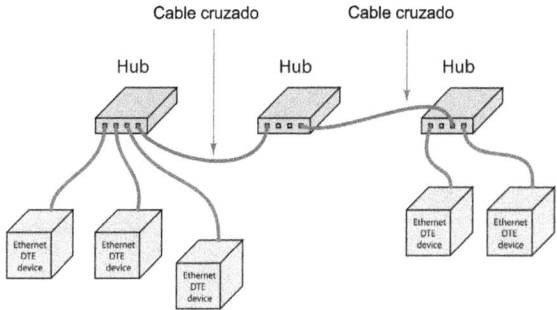

Figura 1.38: Cable cruzado Ethernet

Algunos *hubs Ethernet* antiguos tenían una solución diferente para el problema *crossover* y era tener un interruptor de *crossover* interconstruido en el *hub*, lo que permitía a una persona intercambiar manualmente los pares de cables de transmisión y de recepción el accionar del botón. En la siguiente foto de un *hub Ethernet* de cuatro puertos, se puede observar el botón "Normal/Uplink" en el lado derecho del panel frontal. Este botón controla el puerto más a la derecha del *hub*. Este interruptor debe estar en la posición Normal si el dispositivo que esté en ese puerto es un dispositivo DTE, y se coloca en la posición "Uplink" si el dispositivo fuese DCE (Ej. otro *hub*) (Fig. 1.39).

Note el LED indicador en cada puerto del *hub*. Un LED indica si el cable está activo (cuando un dispositivo *Ethernet* DTE encendido esté conectado en ese puerto del *hub*), mientras que el otro LED indica tráfico en el cable (parpadeando). Estos LEDs son muy útiles para identificar un problema de *crossover*. Este *hub* además tiene un LED para indicar la ocurrencia de colisiones (LED Col que está enciman del LED de encendido), dando una indicación visual de la frecuencia de las colisiones.

Algunos *hubs* modernos usan una tecnología de autosensado para realizar cualquier intercambio de pines

Figura 1.39: Posición *uplink* para cambio de DTE por DCE

de transmisión y recepción, haciendo que los botones de *crossover* y los cables de *crossover* sean innecesarios en las conexiones *hub-a-hub*. Los *hubs* de *Ethernet* Gigabit 1000BASE-T tienen la misma característica normalizada.

1.4.3 Switches

El próximo paso evolucionario en las conexiones de redes *Ethernet* es la introducción de un *switching hub* o simplemente *switch*. Un *switch* luce exactamente como un *hub* pero tiene inteligencia para encaminar las señales transmitidas solamente hacia puertos específicos, en vez de retransmitir cada trama de datos recibidos a todos los puertos. Lo que permite esto es la información que tienen cada trama de *Ethernet* transmitida por los dispositivos DTE (Fig. 1.40).

Note la parte de la trama que incluye la dirección del origen y de destino. Estos son los 48 bits de las direcciones MAC que identifican unívocamente a cada dispositivo *Ethernet*. Un *switch* aprende las identidades de todos los dispositivos conectados en cada uno de sus puertos recordando las direcciones de origen recibidas a través de esos puertos. Cuando un *switch* recibe una trama

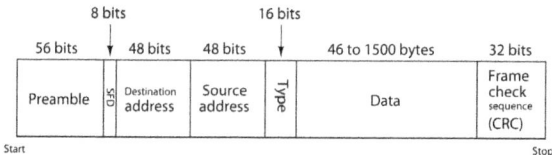

Figura 1.40: Información de encaminamiento de una trama Ethernet

Ethernet con una dirección de destino reconoce a cual de sus puertos corresponde y solamente repite la trama en el puerto especificado y no en los puertos restantes. Esto reduce la cantidad de tráfico que ven los otros puertos y también evita colisiones innecesarias porque las tramas se envían solamente a sus destinos. Si un *switch* recibe una trama de datos con una dirección de destino no reconocida, este vuelve al comportamiento básico de un *hub* retransmitiendo esta trama en todos los puertos.

La presencia de un *switch* en una red mayor tiene el efecto de dividir esa red en dominios de colisión separados de tal forma que una colisión que ocurra en un domino no se expandirá hacia otro dominio donde podría retrasar la comunicación entre estos dispositivos (Fig. 1.41).

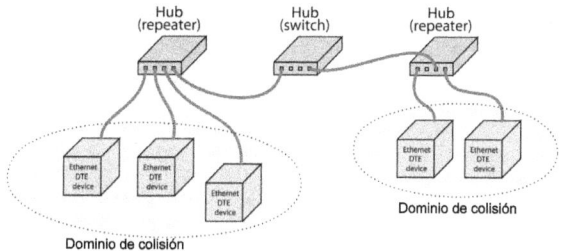

Figura 1.41: Switch

Claramente, las colisiones entre esos dos dominios pueden

ocurrir, por ejemplo, cuando un dispositivo que esté en el primer dominio trate de transmitir hacia un dispositivo que esté en el segundo dominio en el mismo instante en que el dispositivo del segundo dominio intente transmitir hacia el dispositivo que está en el primer dominio.

Con esta inteligencia adicional, los *switchs* se consideran dispositivos de capa 2, puesto que operan no solamente en la capa física de los pulsos eléctricos sino que en la próxima capa de direccionamiento de dispositivos. Puesto que los *switches* tienen el beneficio adicional de los repetidores sin ninguno de sus inconvenientes casi todos eligen usar un *switch* cuando sea posible.

1.5   Internet Protocol (IP)

La Internet es un conjunto de enlaces de alta capacidad llamados *backbones* que unen *datacenters* de diferentes ciudades, la magia de Internet no reside en la potencia de un enlace particular sino en el esfuerzo sinergístico de todos estos enlaces. Lo que hace a la Internet un fenómeno tan difundido y accesible es un protocolo que permite el intercambio libre de datos a lo largo y entre sistemas dispares. Este protocolo permite que los datos digitales estén empaquetados de tal forma que puedan ser enviados a través de cualquier tipo de enlace de comunicación (desde cables de cobres, fibras ópticas y ondas de radio) – y siguiendo muchos caminos diferentes entre los mismos dos puntos – a la vez que llegue intacto al destino. Así, la Internet es un tipo de telaraña compuesta por enlaces que trabajan coordinados y usan un lenguaje común. En esta sección, se investigará el protocolo que constituye la Internet y que es llamado, con toda propiedad (*Internet Protocol* o *IP*).

Las normas físicas de redes, como *Ethernet* solamente definen aspectos relevantes para las capas más bajas del Modelo de Referencia OSI. Aunque estos detalles son imprescindibles para que ocurra la comunicación, no son suficiente para soportar un sistema de comunicaciones de dispersión planetaria. Por esta razón, las normas de redes tales como la EIA/TIA-485 e *Ethernet* casi siempre se incluyen como las capas más bajas de un protocolo de comunicación más complejo capaz de administrar direcciones de orden superior, integridad de mensajes, sesiones entre computadores y una gran cantidad de otros detalles.

El protocolo IP administra direcciones de red y manipula datos a través de dominios físicos mucho mayores de lo que la *Ethernet* es capaz de realizar. El principio básico de IP es que los mensajes mayores sean divididos en porciones menores llamados paquetes y que luego sean transmitidos y recibidos en forma individual (re-ensamblados en el receptor para reconstruir el mensaje original completo). Una analogía de este proceso puede ser la del autor con un papel manuscrito con el que quiere componer un libro. El autor debe acudir a la oficina de correos más cercana. Sin embargo, el servicio de correos no puede manejar todo el manuscrito como una sola pieza, por lo que la persona divide el manuscrito en paquetes de 10 páginas cada uno y los envía por correo hacia la imprenta, con instrucciones para que se puedan re-ensamblar para formar el libro. Los paquetes individuales podrían llegar en diferentes días a la imprenta e incluso puede que lleguen en desorden, pero las instrucciones contenidas en los sobres permitirán obtener un libro al final.

Esta estrategia para transmitir mensajes digitales extensos es el corazón de Internet: los datos enviados desde un computador hacia otro por la Internet se dividen en paquetes, los que se envían y se encaminan a través de muchos caminos antes de llegar al destino final. El computador receptor entonces re-ensambla los paquetes a su estado original. Esta fragmentación de datos puede parecer innecesaria, pero en realidad proporciona una gran flexibilidad en la manera en que los datos se encaminan de un punto a otro.

1.5.1 Direcciones IP

IP es un tecnología de 3 capas, con especial énfasis en las direcciones de red para intercambiar información entre diferentes lugares. IP no está interesado en los detalles de la comunicación a lo largo de algún cable o fibra óptica en particular. No está consciente de cómo los bits se representan eléctricamente o de cómo se usan los conectores para unir cables. IP solo se preocupa con las redes en el sentido más amplio de la palabra: como un conjunto de computadores que están conectadas de alguna forma si importar el cómo.

Los equipos de redes (DCE) que están diseñados para prestar atención a las direcciones IP para fines de encaminamiento se denominan *routers*. Su propósito es dirigir paquetes a sus destinos usando la menor cantidad de tiempo (aunque puede haber otras prioridades).

Para que IP pueda informar de donde y hacia donde se dirigen los paquetes cada fuente y cada destino debe tener su propia dirección IP *IP address*. La versión 4 de IP (IPv4) utiliza direcciones de 32-bit, usualmente como cuatro octetos escritos en notación decimal. Por ejemplo:

La dirección IP 00000000 00000000 00000000 00000000 se escribe como 0.0.0.0

La dirección IP 11111111 11111111 11111111 11111111 se escribe como 255.255.255.255

La dirección IP 10101001 11111010 00101101 00000011 se escribe como 169.250.45.3

Para que dos computadores interconectados intercambien datos utilizando el protocolo IP cada uno debe tener un dirección IP única (Fig. 1.42).

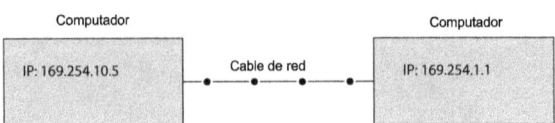

Figura 1.42: Dirección IP

A primera vista, esto puede parecer redundante ¿No basta con que cada dispositivo *Ethernet* tenga su propia dirección MAC de 48 bits que lo distinga de cualquier otro dispositivo *Ethernet* existente?   ¿Por qué agregar otro conjunto de direcciones de identificación al sistema?

Esto es cierto – Los dispositivos *Ethernet* ya están direccionados unívocamente – pero estas direcciones MAC sirven a otros fines que las direcciones IP. Note que *Ethernet* es una norma solamente en las capas 1 y 2 y no está consciente de los detalles de capas mayores. Las direcciones *Ethernet* tipo MAC son útiles en los *switches* y en otros dispositivos *Ethernet* DCE que tienen como tarea la administración de tramas de datos *Ethernet*, pero estas direcciones MAC, por muy únicas que puedan ser, no tienen mucha importancia en el contexto mayor de IP donde se deben fragmentar y re-ensamblar mensajes en redes de mucha mayor escala. La justificación más importante es que las direcciones IP se necesitan para interconectar redes de todo tipo, no solo redes *Ethernet*.   Por ejemplo, dos computadores pueden conectarse entre ellos con un simple cable EIA/TIA-232 (o incluso a través de un transceptor de radio usando una conexión inalámbrica) en vez de *Ethernet*, pero incluso en ese caso, se puede usar el protocolo Internet para fragmentar mensajes y re-ensamblar fragmentos de mensajes. Al tener su propio esquema de direccionamiento, IP asegura que los computadores puedan desensamblar datos en paquetes, enviar los paquetes y re-ensamblarlo en su forma original sin que importen los detalles de las interconexiones físicas, los métodos de arbitraje de canales o de cualquier otra cosas relacionada. En este sentido IP es un pegamento que une redes dispares entre sí y que permite la visión monolítica de algo como una conexión a Internet planetaria, cuando en realidad es una interconexión de muchos dispositivos digitales.

Debido a la naturaleza del direccionamiento del IP (asignación de direcciones a una conjunto muy extenso de dispositivos de comunicación digital) deben escogerse muy cuidadosamente las direcciones. La versión 4 de IP usa un campo de 32-bits para asignar direcciones, limitando sus capacidad de direccionamento a solo 2^{32} direcciones únicas. A pesar de ser un número grande, no es suficiente como para identificar en forma única cada dispositivo capaz de usar Internet a nivel del planeta. Los inventores de IP no soñaron con que la Internet pudiese llegar a tener las proporciones actuales. Existen varias técnicas que se han pensado para resolver la carencia de direcciones IP. Una de ellas es asignar en forma dinámica las direcciones a computadores que estén conectados a Internet. Así es como la mayor de las conexiones a Interent funciona: cuando UD se conecte a Internet, su proveedor de Internet le asignará una dirección IP temporaria a través de un protocolo llamado DHCP (Dynamic Host Configuration Protocol). El proveedor puede volver asignar esa IP en cuanto UD apague su computador.

La *Internet Corporation for Assigned Names and Numbers* o *ICANN* es la organización responsable de asignar direcciones IP a los usuarios IP a nivel planetario (entre otras tareas). Este grupo ha asignado cierto rango de direcciones IP para uso interno en dispositivos de redes, las que nunca pueden ser usadas "públicamente" para direccionar dispositivos de la red mundial Internet. Estas direcciones especialmente asignadas para LAN privadas son las siguientes:

10.0.0.0 a 10.255.255.255

172.16.0.0 a 172.31.255.255

192.168.0.0 a 192.168.255.255

Adicionalmente, todos los computadores tienen sus propias direcciones especiales *loopback* que se usan para enviar paquetes IP a sí mismos para ciertos propósitos (incluyendo diagnósticos): 127.0.0.1. Esta dirección IP es completamente virtual, no hay ningún hardware de red que la tenga asociada.. Por lo que el comando `ping` que se ejecute en cualquier computador podría siempre ser capaz de detectar la dirección 127.0.0.1, sin importar el estado del hardware de red real (tarjetas o interfaces) en el computador (ni siquiera tiene que haber uno). El fallo del comando ping para detectar la dirección de loopback es un síntoma de que el sistema operativo del computador no está configurado para usar IP.

La dirección de *loopback* de un computador se puede usar para cosas diferentes que el diagnóstico. Algunas aplicaciones de computadores son orientadas a redes por naturaleza y descansan en las direcciones IP aún si la aplicación está realizando algunas funciones locales en vez de la función entre computadores de una red real. El sistema (X-windows) que se usa en sistemas operativos UNIX es un ejemplo de esto donde se usa la dirección de *loopack* para formar un conexión entre aplicaciones de cliente y de servidor que corren en el mismo computador.

1.5.2   Máscaras de subredes *subnetworks* y de *subnet*

Las direcciones de IPv4 se usan en conjunto con algo llamado *máscaras de subnet* para dividir las redes IP en subredes. Una subred es un rango de dispositivos direccionados con direcciones IP a los que se le permite comunicarse entre ellos. Se puede pensar que la máscara de subred es un tipo de filtro que se usa para identificar las direcciones IP que no pertenecen al rango apropiado.

La máscara de *subnet* es como un filtro compuesto por dos partes para identificar los bits de las direcciones IP que definen la subred. Por ejemplo, si la máscara de subred de un computador se pone a 255.0.0.0 (binario 11111111 00000000 00000000 00000000), significa que los primeros 8 bits de la dirección IP definen la subred y que a este computador solo se le permite comunicarse con otro que esté en la misma subed (que tenga el mismo primer octeto de su dirección IP).

```
Command Prompt                                              _ □ X
Microsoft Windows XP [Version 5.1.2600]
(C) Copyright 1985-2001 Microsoft Corp.

C:\Documents and Settings\htc>ping 169.254.1.1

Pinging 169.254.1.1 with 32 bytes of data:

Reply from 169.254.1.1: bytes=32 time<1ms TTL=128
Reply from 169.254.1.1: bytes=32 time<1ms TTL=128
Reply from 169.254.1.1: bytes=32 time<1ms TTL=128
Reply from 169.254.1.1: bytes=32 time<1ms TTL=128

Ping statistics for 169.254.1.1:
    Packets: Sent = 4, Received = 4, Lost = 0 (0% loss),
Approximate round trip times in milli-seconds:
    Minimum = 0ms, Maximum = 0ms, Average = 0ms

C:\Documents and Settings\htc>
```

Figura 1.43: Comando Ping

Se muestran algunos ejemplos de dos computadores
interconectados con direcciones IP diferentes (y en algunos
casos, máscaras diferentes). En este primer ejemplo, dos
computadores con la misma IP pero que difieren en los
dos últimos octetos pueden comunicarse porque están en la
misma subred (**169.254**) (Fig. 1.44).

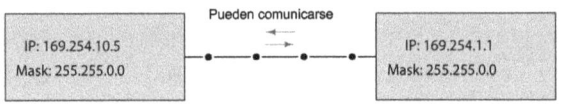

Figura 1.44: Subred

Se pueden verificar las direcciones IP y las máscaras de
subred con un programa llamado **ping** que está en casi todos
los computadores. Se muestra una foto del comando **ping** en
un computador con Microsoft Windows XP (Fig. 1.43).

La utilidad **ping** trabaja enviando una mensaje digital
corto a la dirección IP solicitando una respuesta desde este
computador. Generalmente se hacen muchos intentos, se
muestran cuatro en este ejemplo en particular. Normalmente
se dice, "le hice ping al computador X pero no me respondió".

En el próximo ejemplo, se pueden ver dos computadores

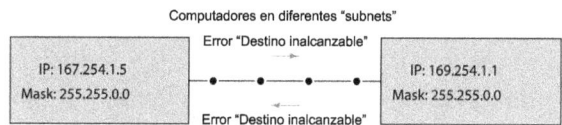

Figura 1.45: Mensajes de error del comando Ping

con el mismo valor de máscara, pero con valores de direcciones diferentes en los octetos que están asignados por sus máscaras. En otras palabras, estos dos computadores pertenecen a diferentes subredes: una a 167.254 y la otra a 169.254 y como resultado no se les permite comunicarse entre ellos usando el protocolo de Internet. Los mensajes de error resultantes al usar el comando ping se muestran en este diagrama (Fig. 1.45).

En el último ejemplo, se ven dos computadores que tienen dos valores de máscaras diferentes así como direcciones IP diferentes. La subred a que pertenece el computador de la izquierda es 169.254.10 mientras que la subred del computador de la derecha es 169.254 (Fig. 1.46).

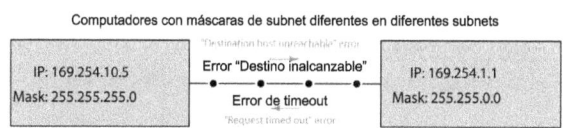

Figura 1.46: Subredes IP

El computador a la izquierda se puede comunicar solamente con computadores que tengan los primeros octetos de la dirección IP coincidentes (169.254.10). Al ver que la dirección de destino del segundo computador no coincide en su tercer octeto, ping devuelve un mensaje de error *Destination host unreachable* cuando se llama desde el computador de la izquierda.

Cuando el computador de la derecha intenta comunicarse haciendo ping hacia el computador de la izquierda, se le permite porque sus máscaras coinciden en los primeros dos octetos (169.254). Sin embargo, el computador de la izquierda no tiene autorización para transmitir al computador de la derecha por su subred más restrictiva, por lo que el ping que corre en el computador de la derecha devuelve un mensaje de error *Requeste timed out* porque nunca recibirá una respuesta a sus pings.

Considerando solamente dos computadores conectados por un solo cable el concepto de subredes y máscaras es inútil y realmente de una escala muy pequeña. Sin embargo el subneteo *subnetting* es una técnica útil para administrar cargas de alto tráfico en sistemas con redes extensas que usan direcciones IP y por lo tanto se usan en muchas redes de área local (LAN) industriales y comerciales.

Otro uso de ping es encontrar direcciones IP desconocidas en una subred conocida. Esto se puede hacer haciendo ping a direcciones de difusión *broadcast address* para una subred: una dirección IP formada por números de subred conocidas, seguidos por 1s binarios que llenan todos los espacios de bits a la derecha. Por ejemplo, se puede usar ping para buscar dispositivos en la subred 156.71 (máscara de subred 255.255.0.0) usando el siguiente comando:

```
ping 156.71.255.255
```

1.5.3 IP versión 6

La próxima versión de IP (versión 6, IPv6) usa direcciones de 128 bits, ofreciendo 2^{128} posibilidades de direcciones (un exceso de f 3.4×10^{38}), en contraste con el espacio de direcciones de 2^{32} de IPv4. Para poner en perspectiva este número tan enorme, hay suficientes direcciones IPv6 para asignar casi 57 billones de direcciones a cada uno de los gramos de la masa de La Tierra. Mientras que las direcciones IPv4 se escriben típicamente en formato decimal (Ej. 169.254.10.5), esta notación podría ser muy complicada tratándose de IPv6. Por eso, las direcciones IPv6 se escriben como un conjunto de números hexadecimales (hasta cuatro caracteres por número) separados por ":" como en `4ffd:522:c441:d2:93b2:f5a:8:101f`. La introducción de IPv6 en reemplazo de IPv4 ya ha comenzado en ciertas porciones de Internet, pero la transición tomará muchos años. La dirección de *loopback* de IPv6 es `0:0:0:0:0:0:0:1` o simplemente `::1`.

1.5.4 DNS

El acrónimo *DNS* significa dos cosas relacionadas: *Domain Name System* y *Domain Name Server*. El primer signficado de DNS se refiere al sistema de intercambio de direcciones numéricas IP y *Uniform Resource Locators, URLs* alfanuméricos, los que son más fáciles de memorizar por las personas. Cuando UD use un software explorador WEB para navegar de un sitio web a otro en la Internet, UD tiene la opción de entrar el nombre URL de ese sitio (Ej. `www.google.com`) o una dirección IP numérica (Ej. `75.125.53.104`). Existen computadores conectados a Internet llamados *Domain Name Servers* y *Domain Name Resolvers DNRs*) usan el *Address Resolution Protocol (ARP)* para convertir el nombre del sitio web en su dirección IP real de tal forma que se pueda establecer una conexión entre el computador buscado y el suyo.   ICANN, la misma organización responsable por asignar las direcciones IP, también mantiene una bases de datos para todos los nombres de dominio registrados.

1.5.5 Utilidades de diagnóstico de línea de comando

Además del comando ping, existe otro programa útil para resolver problemas de conexiones de redes usando la interface de línea de comando es el `ipconfig`. Cuando se ejecuta `ipconfig` se devuelve una lista de todas las interfaces de red disponibles (configuradas y operativas) en ese computador (Fig. 1.47).

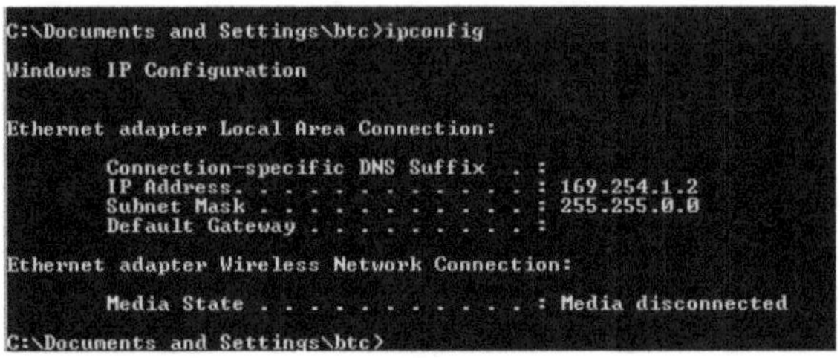

Figura 1.47: Comando IPCONFIG

El comando equivalente en los sistemas UNIX es ifconfig, se muestra en la foto (Fig. 1.48).

Figura 1.48: Comando IFCONFIG

Algunos detalles interesantes en la foto de ifconfig son las direcciones IPv6 (además de las direcciones IPv4) y detalles de las direcciones de *loopback* (IPv4 127.0.0.1 o

IPv6 ::1).

Una utilidad que se usa para revelar el nombre DNS de un computador dada su dirección IP, o viceversa, es `nslookup`. El mismo comando trabaja en Microsoft Windows y UNIX. Aquí se ve la versión UNIX usándose para cuatro direcciones IP del sitio web de Google (Fig. 1.49).

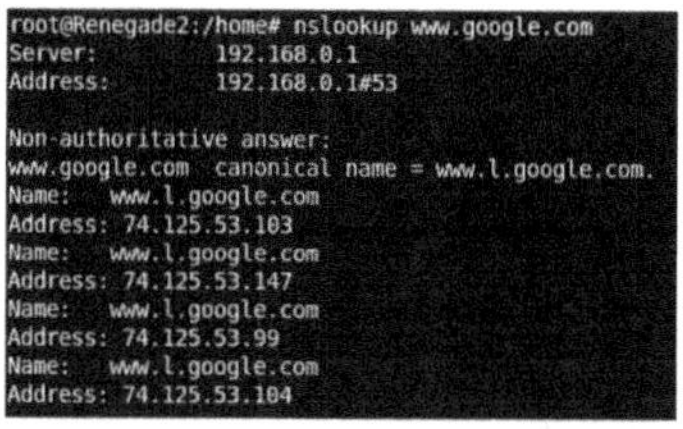

Figura 1.49: Comando nslookup

Otra utilidad para explorar las conexiones de redes es `traceroute` (`tracert` en Microsoft Windows). Esta utilidad envía un paquete de prueba hacia la dirección de destino, devolviendo información de todos los saltos *hops* que el paquete IP hace entre los computadores a lo largo de la red hasta alcanzar sus destino y la cantidad de tiempo que le lleva para hacer el viaje. Se muestra el funcionamiento de `traceroute` en un computador UNIX y de `tracert` en un computador de Microsoft Windows (Fig. 1.50).

1.6 TCP y UDP

En la capa siguiente del Modelo de Referencia OSI existe un conjunto de protocolos que especifican puertos virtuales en los dispositivos transmisores y receptores a través de los cuales se comunican los datos. El propósito de estos puertos virtuales es administrar muchos tipos de transacciones de datos hacia y desde la misma dirección IP, como en el caso de un computador personal que accesa una página web (usando HTTP) y enviando un mensaje e-mail (usando

Figura 1.50: Comando Traceroute

SMTP) al mismo tiempo. Una analogía que puede ayudar a entender el rol de los puertos es la entrega de paquetes a diferentes personas en un dirección común en una oficina comercial. La dirección de correo de la oficina es análoga a la dirección IP del computador que intercambia datos en una red: así es como otros computadores en la red encuentran a este computador. Los nombres de las personas o números de departamentos escritos en los diferentes paquetes son análogos a los puertos virtuales en el computador: "lugares" hacia donde se dirigen los mensajes una vez que llegan a la dirección común.

El *Transmission Control Protocol* (*TCP*) y el *User Datagram Protocol* (*UDP*) son dos métodos que se usan para administrar puertos en un dispositivos DTE, donde TCP es el más complejo (y robusto) de los dos métodos. TCP y UDP deben descansar en el direccionamiento IP para especificar cuáles dispositivos envían y reciben datos, por eso lo que UD siempre ve en la misma lista a los dos protocolos (Ej. TCP/I¨P y UDP/IP). TCP y UDP son inútiles si se usan por separado: un protocolo que especifica ubicaciones de puerto sin una dirección IP es tan carente de significado como un paquete colocado en un sistema de correos solamente con el nombre o el número del departamento pero sin el nombre de la calle. Inversamente, IP espera la presencia de protocolos de alto nivel como TCP y UDP reservando ciertas porciones del espacio de bits de sus paquetes tipo datagramas para un campo de protocolo para especificar qué protocolo de nivel superior generará datos en el paquete IP.

TCP es un protocolo complejo que no solo especifica qué puertos virtuales serán usados por los dispositivos transmisores y receptores sino cómo los paquetes de transmisión serán garantizados. Un *segmento* de datos que se envía por TCP será comprobado contra errores para protegerlo de la corrupción y luego marcado con una bandera especial de bits, y etiquetado de tal forma que se tenga una gran confiabilidad de la comunicación. Una forma simplificada de un acción TCP podría ser el *correo certificado* en un sistema postal donde ciertos pasos extras se toman para asegurar la entrega y recepción de una carta o paquete certificado.

UDP es un protocolo mucho más simple que carece de mucha de las características de integridad de datos de TCP. Es muy común ver UDP usado en instalaciones industriales donde la comunicación tiene lugar en redes mucho más pequeñas que la Internet de nivel mundial. Otra razón por la cual UDP es más común en las aplicaciones industriales es porque es más fácil de implementar como parte del *hardware* de computadores en el corazón de muchos dispositivos industriales. El algoritmo TCP requiere más poder computacional y más capacidad de memoria que el algoritmo UDP y por lo tano es mucho más fácil incorporar UDP en un computador construido en un solo chip (Ej.

Microcontroladores) que TCP.

Se puede usar otra utilidad (llamada *netstat*) en un computador personal para averiguar acerca de las conexiones activas bajo Windows o UNIX, se puede ver varias direcciones IP y sus números de puertos respectivos (son los dígitos que siguen a ":" después de las direcciones IP) como una lista, organizados por conexiones TCP y UDP (Fig. 1.51).

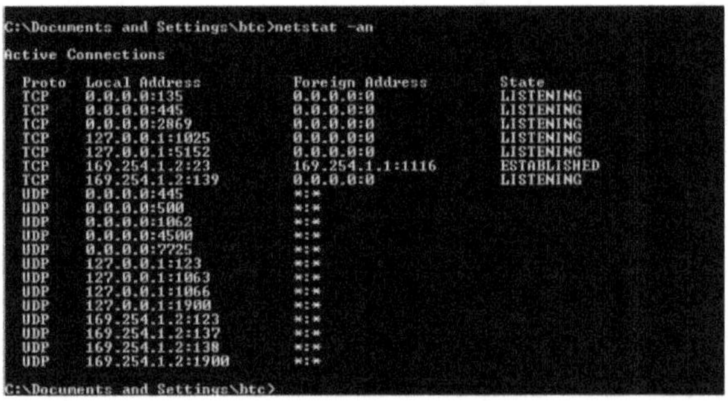

Figura 1.51: Comando NetStat

Hay muchos números de puerto que están normalizados para diferentes aplicaciones en el Modelo de Referencia OSI encima de la capa 4 (encima de las de TCP y UDP). El puerto 25, por ejemplo, siempre se usa para aplicaciones SMTP (Simple Mail Transfer Protocol). El puerto 80 se usa para HTTP (HyperText Transport Protocol): un protocolo de capa 7 que se usa en Internet para las páginas web. El puerto 107 se usa en aplicaciones TELNET: un protocolo cuyo propósito es establecer un conexiones de línea de comando entre computadores con fines de trabajo administrativo remoto. El puerto 22 es usado por SSH: un protocolo similar a TELNET pero con mucha mayor seguridad. El puerto 502 está dedicado para el uso de mensajes Modbus que se comunican a través de TCP/IP.

1.7 La norma híbrida digital/analógica *HART*

Un avance tecnológico introducido a finales de 1980 fue *HART*, un acrónimo para **H**ighway **A**ddressable **R**emote **T**ransmitter. El propósito de la norma *HART* fue crear una forma para que los instrumentos se comunicasen en forma digital entre ellos, usando el mismo par de cables que se usa para transportar la señal de instrumentación digital de 4-20 mA. Hart es una norma de comunicación híbrida con una variable (canal) de información que transporta un valor analógico en una señal de 4-20 mA y otro canal para comunicación digital donde otras variables pueden ser comunicadas usando pulsos de corriente para representar bits binarios de 0 y 1. Estos pulsos de corriente digital están superpuestos a la corriente de DC analógica de tal forma que ambos cables transportan simultáneamente señales analógicas y digitales.

1.7.1 Conceptos básicos de *HART*

Cuando se observa un *loop* normalizado de corriente con un transmisor de proceso que tienen dos cables, se puede ver un transmisor, una fuente de alimentación DC y usualmente un resistor de 250 ohm para crear una señal de 1-5 volt que se pueda leer por un indicador, controlador o grabador sensible a voltaje (Fig. 1.52).

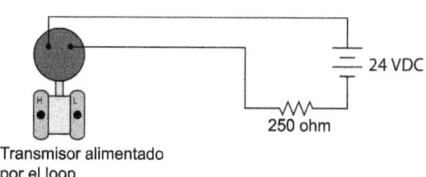

Figura 1.52: Loop normalizado de corriente

La función principal del transmisor en este circuito es regular la corriente en un valor que represente a la variable de proceso medida (Ej. presión, temperatura, flujo, etc.) usando un rango de 4 a 20 mA, mientras que la fuente de voltaje de DC proporciona los niveles de potencia para que el transmisor pueda funcionar. Los instrumentos alimentados por el *loop* son muy comunes en instrumentación industrial porque ellos permiten el transporte de los datos analógicos y digitales usando el mismo par de cables.

La comunicación *HART* extiende su eficiencia en una paso adicional: además de la potencia DC y la señal de corriente analógica que se transporte por un par de cables comunes, los datos digitales pueden ser transportados entre los transmisores del *loop* en la forma de pulsos eléctricos superpuestos en el cable.

Con la incorporación de los datos digitales en el mismo par de cables que la alimentación de DC y de la señal analógica hay un rango amplio de nuevas posibilidades. Ahora los transmisores montados en campo tienen la habilidad para transmitir información de auto-diganóstico, reportes de estado, alarmas y otras variables de proceso además de las variables de proceso principales. Se puede incluso enviar información *hacia* el transmisor usando el mismo protocolo digital, usando este canal digital de datos para setear los rangos de mediciones y activar características especiales (Ej. caracterización de raíz cuadrada, damping, etc.) desde una ubicación remota.

Con *HART* la configuración tradicional de conexión serie del circuito del transmisor, de la fuente de potencia DC y del resistor no cambian. Un transmisor con capacidad *HART*, está equipado con un microcontrolador digital que administra sus funciones y de un computador en miniatura que es capaz de enviar y de recibir datos digitales como señales AC (pulsos de corriente en modo de envío, pulsos de voltaje en modo de recepción) superpuestas en el mismo par de cables que además portan las señales analógicas de 4 a 20 mA y la alimentación de DC. Cualquier otro dispositivo equipado con un modem *HART* que tenga el software de configuracion y que tenga la descripción de dispositivo apropiada para este instrumento en particular, puede comunicarse con el transmisor *HART* si está en paralelo con los terminales de potencia de loop del transmisor:

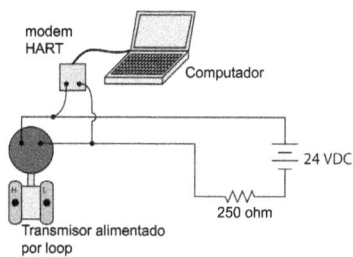

Figura 1.53: Protocolo *HART*

Este computador externo – a través del uso de transmisión digital de datos tipo *HART* – ahora tiene la habilidad de monitorear detalles de la operación del transmisor, configurar el transmisor, actualizar los rangos de las mediciones y de realizar una gran cantidad de funciones adicionales.

La conexión entre el modem *HART* y el transmisor habilitado para *HART* no necesita ser realizada directamente en los terminales del transmisor. *Cualquier* conjunto de puntos del circuito eléctrico paralelo al transmisor puede convertirse en un punto de conexión para un modem *HART*. Esta flexibilidad es una gran ventaja para los circuitos de *loop* que sean muy extensos, ya que permite a los técnicos conectar equipamiento de configuración *HART* en una ubicación física más conveniente (Fig. 1.54).

Una alternativa al uso de un computador y de un modem *HART* es un dispositivo portátil llamado *HART communicator*. En la foto se muestran dos modelos de comunicadores *HART*, un modelo 268 de Rosemount a la izquierda y un modelo 375 Emerson a la derecha.

Los comunicadores *HART* son dispositivos portátiles

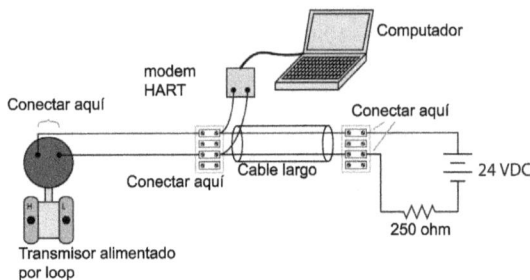

Figura 1.54: Conexiones *HART*

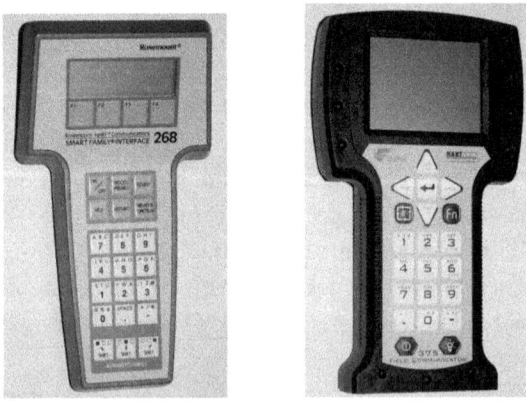

Figura 1.55: Comunicadores *HART*

alimentados con batería que están construidos para configurar los instrumentos de campo con capacidad *HART*. Al igual que los computadores personales, estos necesitan archivos DD para actualizar la información que necesitan para comunicarse con los modelos más recientes de los instrumentos de campo con capacidad *HART*.

Se debe mencionar que *HART* ya se considera una tecnología antigua *legacy* pero en 2009 era la forma más popular de comunicación digital de campo en uso en la industria. Si embargo, ya existen normas digitales más modernas como Profibus y FOUNDATION Fieldbus que son capaces de entregar todos los beneficios de la tecnología *HART* y más. Puede ser que *HART* permanezca en la industria por muchos años venideros, pero es solamente el comienzo de la tecnología digital para los instrumentos de campo y de ninguna forma se puede considerar el estado del arte de esta tecnología.

1.7.2 Capa física *HART*

La norma *HART* fue desarrollada con la instalaciones existentes en mente. El medio de la comunicación digital ha tenido que ser lo suficientemente robusto para que se pueda viajar a través de un par de cables trenzados de una extensión considerable e impedancia característica desconocida. Esto significa que la velocidad de la comunicación digital ha tenido que ser muy lenta, aún para los estándares de los ochenta. El estándar *HART* está preocupado solamente por las capa 1 (modulación FSK, señalización $\pm$ 0.5 mA), capa 2 (arbitraje Master-Slave, organización de las tramas de datos) y capa 7 (comandos específicos para leer y escribir datos) del modelo de Refencia de la OSI. Las capas desde la 3 hasta las 6 son irrelevantes para el estándar HART.

Los datos digitales están codificados en *HART* usando el estándar Bell 202 de modems: dos frecuencias de tonos de audio (1200 Hz y 2200 Hz) se usan para representar los estados binarios de 1 y 0, respectivamente, y son transmitidas a una velocidad de 1200 bits por segundo. Esto se conoce como *Frequency-shift keying*, o *FSK*. La representación física de esas dos frecuencias es una corriente AC de 1 mA pico-a-pico superpuesta a una señal de corriente de 4-20mA. Así, cuando un dispositivo *HART* habla digitalmente en un circuito *loop* de dos cables, produce ráfagas de tonos de corriente AC a 1.2 kHz y 2.2 kHz. El dispositivo *HART* receptor escucha estas frecuencias de corrientes y las interpreta como bits binarios.

Una consideración importante en los *loops* de corriente *HART* es que la resistencia total del *loop* (valores de resistores de precisión más la resistencia del cable) debe caer dentro de cierto rango: de 250 ohms hasta 11000 ohms. Casi todos los *loops* de 4-20 mA (que contengan un solo resistor de 250 ohm para convertir de 4-20 mA a 1-5 V) miden una resistencia total de 250 ohms y trabajan muy bien con HART. Aún los *loops* que tengan dos resistores de precisión de 250 ohms cumplen este requerimiento. Donde los técnicos encuentran frecuentemente problemas es cuando configuran un transmisor *HART* que esté alimentado con el poco voltaje de una fuente de laboratorio y sin resistor de 250 ohm en ninguna parte del circuito (Fig. 1.56).

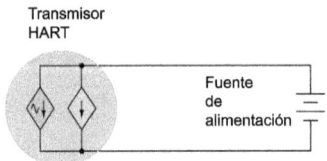

Figura 1.56: Importancia del resistor de 250 Ω en una conexión HART

El transmisor *HART* puede ser modelado como dos fuentes de corriente en paralelo: una de DC y otra de AC. La fuente de corriente DC proporciona la regulación de 4-20 mA necesaria para representar la mediciones de proceso como un valor de corriente analógica. La fuente de corriente AC se enciende y se apaga como sea necesario para inyectar la frecuencia de audio de 1 mA P-P de señal *HART* en los dos cables. Al interior del transmisor hay también un modem *HART* para interpretar los tonos AC como paquetes de datos HART. Así, la transmisión de datos ocurre a través de la fuente de corriente AC y la recepción de los datos tienen lugar a través de un modem sensible a voltaje, todo dentro del transmisor. Note que todos hablan a lo largo de los mismos dos cables que también transportan la señal de 4-20 mA DC.

Para mayor facilidad de conexión en el campo, los dispositivos *HART* están diseñados para ser conectados en paralelo. Esto elimina la necesidad de tener que abrir el *loop* e interrumpir la corriente de DC cada vez que se quiera conectar un dispositivo de comunicación *HART* para que se comunique con el transmisor. Un comunicador típico *HART* puede ser modelado como una fuente de voltaje AC (junto a otros modems sensibles a voltaje de tipo *HART* para recibir los datos HART). Conectado en paralelo con el transmisor HART, el circuito completo luce más o menos así (Fig. 1.57).

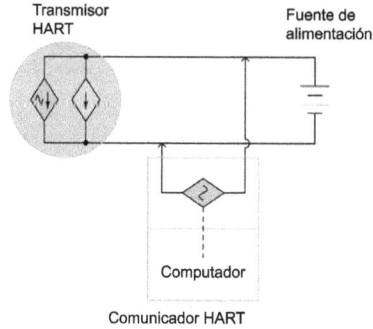

Figura 1.57: Conexión paralela HART

Con todas estas fuentes en el mismo circuito, conviene usar el *Teorema de Superposición* para realizar el análisis. Esto involucra apagar todas las fuentes excepto una para ver el efecto por separado de cada fuente, entonces superponer los resultados para ver que harían todas las fuentes cuando trabajen en forma simultánea.

Solamente se necesita considerar los efectos de cada fuente de AC para ver cuál es el problema en este circuito que no tiene resistencia de *loop*. Considere la situación en la que el transmisor esté enviando datos *HART* hacia el comunicador. La fuente de corriente AC dentro del transmisor estará activa inyectando su señal de audiofrecuencia de 1 mA P-P en los dos cables del circuito. La fuente de voltaje AC del comunicador se autodesconectará de la red, haciendo que el comunicador escuche los datos del transmisor.

Para aplicar *El Teorema de Superposición*, se reemplazan todas las fuentes por sus propios equivalentes de resistencias internas (las fuentes de voltaje se reemplazan por cortocircuitos y las fuentes de corriente se convierten en circuitos abiertos).

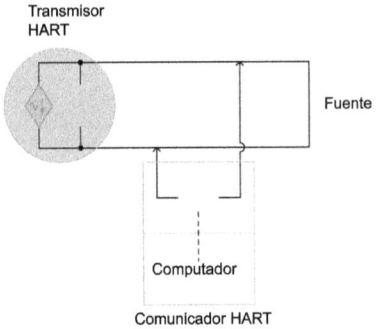

Figura 1.58: Aplicación del *Teorema de Superposición* en una red HART

El comunicador *HART* está escuchando las señales de tonos de audio enviados por la fuente de AC del transmisor, pero no escucha nada porque el cortocircuito equivalente de la fuente de poder evita que cualquier voltaje AC significativo se establezca en los dos cables. Eso es lo que pasaría si es que no hubiese resistor de *loop*: ninguno dispositivo *HART* sería capaz de recibir datos enviados por otro dispositivo HART.

La solución a este dilema es instalar una resistencia de al menos 250 ohms pero no mayor que 1100 ohms entre la fuente de potencia de DC y todos los otros dispositivos HART, de esta forma (Fig. 1.59).

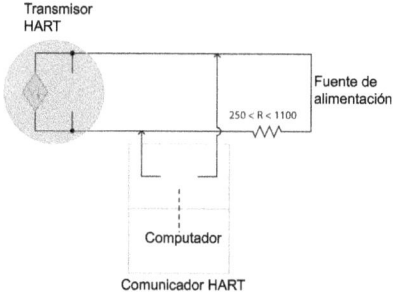

Figura 1.59: Conexión de la resistencia de 250 Ω en una red HART

La resistencia de *loop* debe ser al menos de 250 ohms para permitir que se establezca la señal de 1 mA P-P AC y que haya suficiente voltaje para que se pueda detectar con seguridad por el modem *HART* que está en el dispositivo que escucha. El límite superior de 1100 ohms no es una función del comunicador *HART* sino que es función de la caída de voltaje DC, y de la necesidad de mantener un voltaje mínimo de DC en los terminales del transmisor para que pueda funcionar. Si hubiese mucha resistencia de *loop* el transmisor se alteraría por el voltaje y actuaría en forma errática. De hecho, una resistencia de *loop* de 1100 ohms podría ser mucho si la fuente de voltaje DC tuviese muy poca potencia.

La resistencia de *loop* también es necesaria para que el transmisor *HART* reciba señales emitidas por el comunicador HART. Si se analiza el circuito cuando la fuente de voltaje del comunicador *HART* esté activa, se tendrá el siguiente resultado (Fig. 1.60).

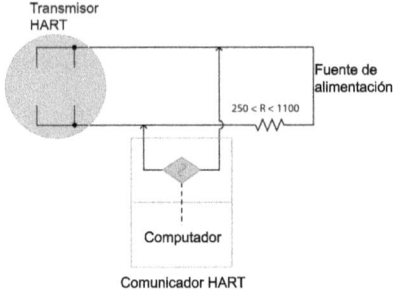

Figura 1.60: Resistencia del loop

Sin la resistencia de *loop*, la fuente de alimentación CD podría cortocircuitar la señal de voltaje AC del comunicador y la señal de corriente AC del transmisor. La presencia de un resistor de *loop* en el circuito evita que la fuente de alimentación DC cargue la señal de voltaje AC del comunicador. Este voltaje AC se ve en el diagrama en paralelo con el transmisor, donde el modem interno *HART* recibe los tonos de audio y procesa los paquetes de datos.

Los fabricantes generalmente recomiendan que los comunicadores *HART* se conecten directamente en paralelo con los instrumentos de campo HART, como se ha mostrado en los diagramas esquemáticos previos. Sin embargo, es perfectamente válido conectar el comunicador directamente en paralelo con el resistor de *loop* de la siguiente forma (Fig. 1.61).

Al estar conectado directamente en paralelo con el resistor *loop*, el comunicador será capaz de recibir bien las transmisiones desde el transmisor *HART* porque la fuente de poder DC actúa como un corto circuito de resistencia cero *dead short* con respecto a la corriente AC de la señal HART, la que lo atraviesa en su camino al transmisor.

Es bueno saber esto, porque frecuentemente es más fácil conectarse con un conector tipo caimán a las patas del resistor

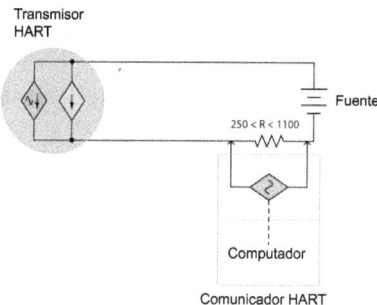

Figura 1.61: Modo de conexión alternativa de las redes HART

que conectarse en paralelo con los cables de *loop* en la cinta de cables o en el extremo del controlador en el circuito de *loop*.

La tecnología *HART* le ha dado un nuevo impulso a la antigua norma de señal de instrumentación analógica de 4-20 mA. Tiene nuevas características y capacidades que pueden ser agregadas a los *loops* de señales analógicas sin tener que actualizar el cableado o tener que cambiar todos los instrumentos en el *loop*. Algunas de las características de *HART* se listan aquí:

- Se pueden enviar datos de diagnóstico desde el dispositivo de campo (resultados de auto-test, alarmas de salida de rango, alertas de mantenimiento preventivo, etc.)

- Los instrumentos de campo pueden ser re-acomodados remotamente a través del uso de comunicadores HART

- Los técnicos pueden usar comunicadores *HART* para forzar a los instrumentos de campo en modos de trabajo manual para propósito de diagnóstico (Ej. forzar a que la salida del transmisor tenga una corriente fija para verificar la calibración de otros componentes del *loop*, accionar manualmente una válvula que tenga un posicionador HART)

- Los instrumentos de campo pueden ser programados con datos de identificación (Ej. Números de tag que correspondan a documentación de *loops* de instrumentación a nivel de planta)

1.7.3 Modo *multidrop HART*

El estándar HAART también soporta un modo de operación que es totalmente digital y capaz de soportar muchos instrumentos *HART* en el mismo par de cables. Esto se conoce como modo *multidrop*.

Cada instrumento *HART* tiene un número de dirección el cual es típicamente 0. Una dirección de red es un número que se usa para distinguir un dispositivo de otro en una red de difusión, de tal forma que los mensajes que circulan por la red puedan ser dirigidos a lugares específicos. Cuando un instrumento *HART* opera en el modo híbrido digital/analógico, donde debe tener su propio par de cables dedicados a la señal de 4-20 mA DC entre este y un controlador o indicador, no hay necesidad de direcciones digitales. Una dirección es necesaria solamente cuando hay múltiples dispositivos conectados al mismo cableado de red y surja la necesidad de distinguir digitalmente un dispositivo de otro en la misma red.

Esta es una funcionalidad que los diseñadores de *HART* previeron desde el inicio, aunque es poco usada en la industria. Si los números de direcciones *HART* fuesen puestos en un valor entre 1 y 15, se podrían conectar muchos instrumentos *HART* directamente en paralelo en el mismo par de cables y se podría intercambiar información entre estos instrumentos y un sistema host (Fig. 1.62).

Para hacer que un instrumento *HART* opere en modo *multidrop* solamente es necesario que la dirección tenga un valor no nulo. Los valores de los números de direcciones en

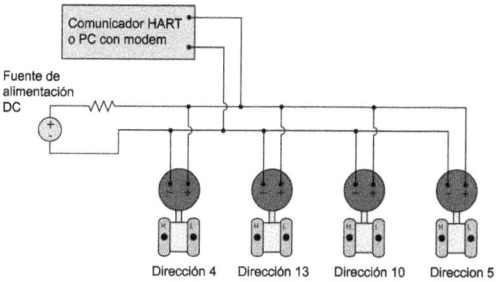

Figura 1.62: Direcciones HART

sí mismo son irrelevantes, mientras que estén en el rango de 1-15 y que sean únicos en toda al red.

La peor desventaja al usar los instrumentos *HART* en modo *multidrop* es lo lento de la velocidad. Debido a la velocidad lenta de *HART* (1200 bps) pueden transcurrir algunos segundos para poder accesar los datos de un instrumento en particular, en una red *multidrop*. En algunas aplicaciones como las de medición de temperatura, este tiempo de respuesta puede que sea aceptable. Pero en procesos inherentemente rápidos como los de control de fluidos de líquidos, no podría ser lo suficientemente rápido para que sirva para proporcionar datos actualizados al sistema de control y para que este pueda actuar con suficiente tiempo.

1.7.4 Transmisores *HART* multi-variables

Algunos instrumentos inteligentes tienen la capacidad para reportar variables de proceso múltiples. Un buen ejemplo es un caudalímetro de efecto de Coriolis, el que por naturaleza puede medir simultáneamente la densidad, el caudal y la temperatura de un fluido que pase a través. Un solo par de cables puede transportar solamente una señal analógica de 4-20 mA, pero el mismo par de cables puede transportar muchas señales digitales codificadas con el protocolo HART.

Se requiere transmisión digital de señales para que se pueda usar la capacidad total de estos transmisores multi-variables.

Si el host que recibe las señales tuviese capacidad HART, podría solicitar en forma digital las variables a sus transmisores. Sin embargo, si el host no tuviese capacidad HART, debe encontrarse otra forma para decodificar la masa de datos digitales que llega desde un transmisor multivariable. Uno de estos dispositivos es el modelo 333 de Rosemount, *HART* Tri-loop demultiplexador que se muestra en la siguiente foto (Fig. 1.63).

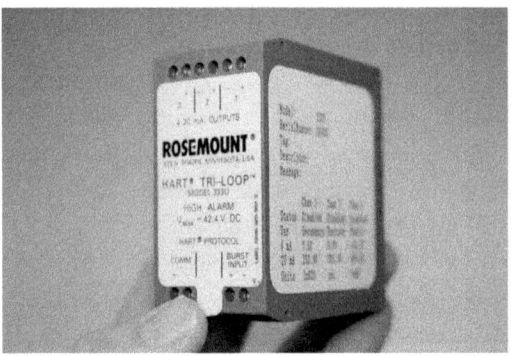

Figura 1.63: Demultiplexador *HART* Tri-loop modelo 333 de Rosemount

Este dispositivo interroga al transmisor multivariable y convierte las tres variables *HART* en señales de salida analógicas de 4-20 mA, las que son apropiadas para cualquier dispositivo controlador o indicador que las pueda recibir.

Note que el mismo principio que se aplica a un sistema *HART multidrop* (de poca velocidad) puede aplicarse a la interrogación *HART* de transmisores multivariables. *HART* es una norma de bus digital lento y como tal nunca debe ser considerado para aplicaciones que requieran una respuesta rápida. En aplicaciones donde la velocidad no sea un problema, es una solución muy práctica para leer múltiples canales de datos en un solo par de cables.

Glosario

Su visita será siempre bienvenida en http://habanazo.blogspot.com

www.ingramcontent.com/pod-product-compliance
Lightning Source LLC
Chambersburg PA
CBHW051329170526
45166CB00002B/733